Psicología de la música

W0400170

Daniele Schön,
Lilach Akiva-Kabiri
y Tomaso Vecchi

Psicología de la música

Alianza editorial
El libro de bolsillo

Título original: *Psicologia della musica*
Traducción de Alejandro Pradera Sánchez

Primera edición: 2019
Tercera reimpresión: noviembre 2025

Diseño de colección: Estrada Design
Diseño de cubierta: Manuel Estrada
Fotografía de Javier Ayuso

Reservados todos los derechos. El contenido de esta obra está protegido por la Ley, que establece penas de prisión y/o multas, además de las correspondientes indemnizaciones por daños y perjuicios, para quienes reprodujeren, plagiaren, distribuyeren o comunicaren públicamente, en todo o en parte, una obra literaria, artística o científica, o su transformación, interpretación o ejecución artística fijada en cualquier tipo de soporte o comunicada a través de cualquier medio, sin la preceptiva autorización.

© 2018 by Carocci editore, Roma
© de la traducción: Alejandro Pradera Sánchez, 2019
© Alianza Editorial, S. A., Madrid, 2019, 2025
Calle Valentín Beato, 21
28037 Madrid
www.alianzaeditorial.es

PAPEL DE FIBRA CERTIFICADA

ISBN: 978-84-9181-717-8
Depósito legal: M. 24.792-2019
Printed in Spain

Índice

Índice

1. Música y mente musical: una introducción

Cuando publicamos en 2007 la primera edición de este libro, nunca nos habríamos imaginado el «pequeño» éxito que motivó, con frecuentes reimpresiones y algunas peticiones de actualización que ahora satisfacemos. Inicialmente, nuestro objetivo era sencillo: contribuir a divulgar la investigación en un ámbito que durante las décadas anteriores había quedado un poco al margen en la psicología experimental. Los conocimientos a menudo eran superficiales, también debido a que llevar adelante la actividad de investigación era, y sigue siendo, más difícil que en otros ámbitos por la necesidad de encontrar grupos de trabajo que incluyan en su seno no solo una gran cualificación en psicología sino también una sólida base musical. Podríamos decir que ese objetivo se ha logrado: varias reimpresiones de la edición italiana, la difusión del libro en el extranjero. Por otra parte, desde luego no ha sido este texto lo que ha hecho posible el gran desarrollo que ha vivido en los últimos años la psicología de la música. El libro tan solo ha sido un pequeño testimonio del interés cada vez mayor por parte de los investigadores y de la comunidad científica, que han aprendido a conocer esas temáticas y a apreciar las aportaciones que pueden derivarse de ellas tanto en el ámbito clínico como en el más estrictamente experimental. Sin embargo, nos gustaría pensar que, también con nuestra contribución, la psicología de la música va a poder encontrar un lugar cada vez más estable en los manuales de psicología y en la formación de los estudiantes y los curiosos.

La idea de que la música puede tener un lugar de pleno derecho entre las funciones cognitivas no es reciente. Es más, ya a comienzos del siglo XIX, con las primeras teorías de las facultades mentales y el desarrollo de la frenología, se pueden encontrar hipótesis que afirman que la música puede involucrar una facultad cognitiva específica con un sustrato neural claramente identificable. Puede que resulte exagerado hablar de psicología de la música en aquellos años, aunque la música estaba presente con una sensibilidad que se fue perdiendo a lo largo de las décadas posteriores. Con el nacimiento de la psicología experimental, durante la segunda mitad del siglo XIX, se abandonó el estudio de la música, que fue sustituido por los estudios sobre la percepción del sonido, por la psicofísica y por la filosofía del lenguaje, y habrían de pasar por lo menos cien años hasta que la música volviera a tratarse, tímidamente, en el desarrollo de los modelos de funcionamiento mental.

En los últimos años, el interés por esta disciplina ha aumentado considerablemente, con la proliferación de pequeños seminarios y de grandes congresos internacionales, con la participación de instituciones, como la Fundación Mariani, que han dedicado considerables recursos a la divulgación de esos temas, con un constante desarrollo de nuestros conocimientos y una creciente atención a las aplicaciones clínicas y la musicoterapia. La psicología ha cambiado mucho en estos años, como suele ocurrir con las disciplinas que tienen su base en el método científico de investigación, y la ocasión para ese cambio llegó de la mano de un progreso tecnológico que no era posible ignorar. El desarrollo de las neurociencias, el estudio, por primera vez, de la forma en que nuestro cerebro realiza una tarea cognitiva o reacciona a un estímulo externo, ha dado un gran impulso a la psicología de la música y también ha contribuido, indirectamente, a su desarrollo. La comprensión de los procesos de percepción y de producción musical ha venido acompañada de los conocimientos sobre los sistemas o los circuitos cerebrales que participan en ellos, con el fin de captar la relación entre dichos procesos mentales y las dinámicas neuronales que los originan. El interés experimental ha ido de la mano de la práctica clínica, y la musicoterapia ha perfeccionado sus técnicas con la ayuda de una comprensión cada vez mayor de los procesos mentales implicados.

El desarrollo de las neurociencias ha dado lugar a notables beneficios para la psicología, pero al mismo tiempo ha incrementado exponencialmente la complejidad de los problemas abordados. No es solo que las técnicas de neuroimagen sean una disciplina de evolución reciente, con unos límites y errores que actualmente no es posible valorar de manera exhaustiva, sino que también la complejidad intrínseca de los sistemas musicales conlleva una dificultad de investigación que no siempre es posible afrontar con los instrumentos de que disponemos. En estos últimos años se ha generado un gran interés por lo que se ha venido a llamar «procesos supramodales», o «multisensoriales», de funcionamiento de nuestro cerebro. En términos más generales, a menudo se ha constatado que los procesos mentales son más complejos de lo que se pensaba hasta ahora. Es importante definir las áreas individuales, las localizaciones, pero es todavía más importante identificar los circuitos implicados y estudiar sus dinámicas espacio-temporales. En ese sentido, la música es un ámbito rico, en la medida en que la multisensorialidad es la regla: basta con pensar en las complejas dinámicas entre los sistemas visual, auditivo y motor en la lectura de una partitura o al tocar junto con otras personas. Por no hablar de la relación entre el sonido musical y el valor emocional que este tiene para nuestro cuerpo y nuestra vivencia interior.

La psicología de la música nos permite estudiar algunos de los problemas más importantes que siguen sin respuesta en la investigación psicológica. En primer lugar, la identificación de la contribución biológica y/o ambiental a nuestro desarrollo. Ese aspecto a menudo se define como la comprensión de las influencias de la naturaleza frente a las de la cultura. Para la psicología, estudiar la herencia, el factor biológico en el desarrollo de un proceso mental, es de suma importancia, así como identificar las variables ambientales que desempeñan un papel activo a la hora de modelar nuestro comportamiento. La música es un terreno ideal para estudiar esas diferencias. A menudo el sentido común nos lleva a considerar las habilidades musicales como algo innato, algo biológicamente predeterminado, sobre lo que no tenemos ninguna influencia. «No tengo oído», escuchamos decir a menudo, sin que exista una comprensión real de cómo se desarrollan nuestros procesos de escucha y producción musical y de cómo, por el contrario, el ambiente y la estimulación externa desempeñan un papel crucial. Ser músico, haber realizado un itinerario formal de educación musical, modela sensiblemente la forma en que nuestro cerebro es capaz de procesar un estímulo musical. Nuestras funciones cognitivas se desarrollan sobre la base de modificaciones biológicas, de nuevas conexiones sinápticas, pero cambian en función de nuestras experiencias, y la psicología de la música es un campo de investigación privilegiado para estudiar esa evolución.

El tema de la contraposición entre factores biológicos y ambientales también se relaciona con otra cuestión de gran calado para la investigación psicológica: la plasticidad cerebral, entendida, por un lado, como la posibilidad de adaptación neurofisiológica de nuestro cerebro, la capacidad de transformar sus propias estructuras sobre la base de un proceso normal de desarrollo y en función de las modificaciones ocurridas a lo largo de nuestra vida, y, por otro, como plasticidad cognitiva o emocional, es decir, la capacidad que tenemos de realizar una tarea de distintas formas, de adaptarnos a la situación y cambiar nuestras estrategias. De nuevo, la psicología de la música ofrece un campo de estudio ideal para analizar dichos fenómenos, para valorar cómo pueden variar en función de la edad del individuo, para permitirnos comprender cómo escuchar una misma pieza musical puede inducir unas dinámicas cerebrales completamente distintas en personas que tengan unos conocimientos y unas experiencias musicales diferentes. ¿Cómo se desarrolla el cerebro de un niño? ¿En qué medida las experiencias precoces desempeñan un papel fundamental a la hora de guiar la posterior maduración? ¿Las distintas facultades son un todo homogéneo de funcionamiento? ¿El desarrollo de una función se refleja naturalmente en la organización de nuestro comportamiento en su conjunto? Son preguntas cruciales para la psicología, y el estudio de las habilidades musicales permite afrontarlas desde un punto de vista diferente.

La música no solo es una actividad humana extremadamente generalizada, sino también de gran importancia, y eso la convierte de por sí en un objeto de investigación pertinente y apasionante. Además, sus características son sumamente interesantes también para el desarrollo de algunos ámbitos aplicativos: desde el perfeccionamiento de los instrumentos pedagógicos hasta el tratamiento de las patologías del movimiento; desde el desarrollo de técnicas didácticas y de rehabilitación de la dislexia hasta la comprensión de los mecanismos de coordinación motriz que se utilizan, por ejemplo, en la práctica del deporte.

Si acabáramos demostrando que la comprensión de la música utiliza las mismas funciones y áreas cerebrales requeridas para otras tareas no musicales, como por ejemplo la comprensión del lenguaje, tal vez sería posible recuperar las funciones lingüísticas deficitarias a través de una rehabilitación musical diseñada al efecto. Los beneficios de la música podrían no limitarse a los problemas lingüísticos, sino que también podrían extenderse a toda una serie de mecanismos cognitivos o de facultades como la coordinación motriz, la memorización, la atención, etcétera.

Si algún día llegáramos a comprender mejor cómo analiza el cerebro la estructura musical y cómo se programa la respuesta motriz necesaria para la ejecución, podríamos identificar los puntos de mayor dificultad y por consiguiente adaptar los métodos de enseñanza. Por ejemplo, una serie de estudios ha revelado que, cuando observamos a una persona hacer un movimiento con la mano, nuestras neuronas de las áreas cerebrales que controlan la mano reaccionan, como si fuéramos nosotros los que realizamos ese movimiento. Ese comportamiento de imitación automática de las neuronas, en ausencia de un movimiento real del observador, adquiere de inmediato interés para la pedagogía musical, dado que nos enseña hasta qué punto es importante tener un docente que le enseñe al alumno cómo se hace. En efecto, el gesto del docente será «imitado» automáticamente por las neuronas de la corteza motora, y con toda probabilidad ello facilitará la ejecución por parte del alumno. ¿Qué diremos entonces de los docentes de los conservatorios o de la enseñanza secundaria (por desgracia todavía muy numerosos) que ni siquiera se toman la molestia de llevarse a clase su instrumento y que se limitan a hacer comentarios verbales acerca de la ejecución de sus alumnos?

No siempre las personas que operan en un determinado ámbito logran adquirir también un panorama completo de los procesos mentales que son el fundamento del aprendizaje o de un programa de rehabilitación. Quienes trabajan en un ámbito clínico tienen como prioridad, y así debe ser, el bienestar de las personas, y no siempre encuentran tiempo para ponerse al día en cuestiones teóricas. A quienes se dedican a la investigación a menudo les cuesta trasladar sus conocimientos al contexto de la vida cotidiana, como por ejemplo al niño que quiere aprender o mejorar sus habilidades musicales.

Esta nueva edición ha sido revisada, se han añadido apartados nuevos y se han puesto al día los existentes. Sin embargo, la finalidad y el espíritu de este trabajo no consisten en aportar un tratamiento exhaustivo de todas las cuestiones relacionadas con la psicología de la música. Sería imposible hacerlo en un espacio tan limitado. El objetivo, igual que en la edición anterior, es aportar un instrumento ágil y sintético que pueda contribuir a despertar el interés por estos asuntos de los investigadores, de los estudiantes, de los músicos o de la gente corriente. Aportar estímulos, sugerencias, hipótesis de trabajo que cada cual podrá utilizar en su propio ámbito y con sus propias competencias, en el contexto de un intercambio recíproco, y esperamos que fructífero.

1.1. Desarrollo de la competencia musical

1.1.1. El desarrollo de las habilidades musicales: naturaleza frente a cultura

¿Cómo se desarrolla la competencia musical? Existen distintas opiniones. Por un lado tenemos la idea, muy difundida, de que la comprensión de la música requiere una formación práctica especial. Los defensores de esa idea son todos aquellos que piensan que no entienden nada de música porque «no saben tocar un instrumento» o los que al salir de un concierto recurren a un amigo músico para conocer la valoración de un experto. Y, por otro lado, algunos investigadores sostienen en cambio que la percepción de la música no exige en absoluto un aprendizaje especial, no más de lo que lo exigen la percepción visual, el lenguaje o la memoria. Veremos que la realidad depende de la definición de la competencia musical. En cierto sentido, ambos puntos de vista son correctos. La mayor parte de las personas que no tienen formación musical son capaces de apreciar la música, cantar una melodía*[1], reconocer una buena ejecución y posibles errores, distinguir el estilo de una pieza que no habían oído anteriormente y tal vez identificar a su autor o compositor: todas ellas facultades complejas, que son el resultado de un aprendizaje implícito, es decir, del simple hecho de escuchar la propia música. Por otra parte, para poder hacer un análisis de la estructura musical o para leer una partitura y tocar un instrumento a menudo es necesaria una educación musical que nos lleva a adquirir nuevos conocimientos y a formalizarlos.

En términos más generales puede encontarse este debate en lo que se refiere a las distintas sociedades. En efecto, por un lado la facultad de percibir y asimilar el flujo musical es una capacidad universal, común a todas las culturas; por otro, todos los pueblos, desde los aborí-

1. Los asteriscos (*) dentro del texto remiten al glosario.

genes australianos hasta los indios de América, han desarrollado sus propias formas de cultura musical. Si por un lado parece que la música tiene en todas partes una función de cohesión, es capaz de suscitar emociones y se utiliza tanto para fines personales como sociales, por otro lado la complejidad de las estructuras musicales, su utilización y los instrumentos son indudablemente peculiares de cada grupo social o área geográfica.

En términos más específicos, escuchar la música de su propia cultura proporciona al oyente un bagaje de conocimientos implícitos sobre las características musicales. Esos conocimientos sirven para facilitar la asimilación de los estímulos musicales de la forma adecuada y conforme a cada cultura específica. El individuo no siempre es consciente de las modalidades a través de las cuales se aplican esos conocimientos, ni de los propios procesos de aprendizaje, por lo que se habla de un aprendizaje y unos conocimientos implícitos (Tillmann, 2005). Por otra parte, la presencia de procesos de aprendizaje implícito y de una utilización no consciente de unos conocimientos y unas normas no es una peculiaridad de la música, sino que es común a todas las áreas cognitivas. Basta con pensar en el aprendizaje del lenguaje que tiene lugar en el niño, sin que este sea consciente de las reglas gramaticales ni de los mecanismos que regulan la comprensión de una frase.

Además, escuchar una pieza musical exige procesar una enorme cantidad de información a un ritmo muy rápido y de un modo sustancialmente automático. Ese proceso es equiparable a lo que ocurre al escuchar un discurso pronunciado en una lengua conocida. El automatismo en el proceso de asimilación a menudo se interpreta como el resultado de unos mecanismos cerebrales innatos, pero obviamente tales mecanismos también precisan una base ambiental, es decir, un entrenamiento perceptivo o un aprendizaje musical que se obtiene a través de la exposición a los estímulos musicales típicos de la cultura propia del oyente.

El estudio del desarrollo de las facultades humanas permite distinguir entre las facultades que están presentes desde la primera infancia y los componentes que se adquieren como consecuencia de la interacción ambiental y cultural. Por consiguiente, en el panorama general del estudio de las distintas funciones cognitivas del hombre el desarrollo de la competencia musical reviste un importante papel, en la medida que nos permite tener una visión más completa del debate sobre la posibilidad de que algunos mecanismos psíquicos sean efectivamente innatos y universales. Con ese fin se han adaptado unos paradigmas experimentales para valorar las capacidades musicales de los niños muy pequeños, e incluso de los recién nacidos. La idea de fondo es que las capacidades musicales extremadamente precoces forman parte de una predisposición biológica, y por consiguiente pueden interpretarse desde un punto de vista evolutivo, que contempla la música como un ámbito con un particular valor adaptativo en el proceso filogenético. Así pues, desde esa óptica evolucionista, la música pasa a ser una competencia crucial para la selección natural. Según Geoffrey Miller (2000), efectivamente la música cumple algunos de los criterios clásicos que caracterizan a un proceso complejo de adaptación humana, como la universalidad, el desarrollo ordenado a lo largo del curso de la existencia, la participación de áreas cerebrales específicas, las analogías con otras especies no humanas y la capacidad de evocar emociones. Por tanto, no debería sorprendernos que un conjunto de capacidades tan complejas y variadas haya podido servir incluso para condicionar el proceso de selección natural, aunque en el fondo no resulte tan fácil identificar las características musicales que influyen directamente en la supervivencia de la especie humana. Miller sostiene que la evolución de la música podría basarse en un beneficio reproductivo, como, por ejemplo, la atracción sexual. Como sigue ocurriendo hoy en día en algunas tribus, la danza puede ayudar a las mujeres jóvenes a comprobar la fuerza, la resistencia y la capacidad de coordinación motriz de una potencial pareja masculina. Cabría añadir que la danza también permite valorar las capacidades de simbolización, representación, funcionamiento por parejas y en grupo de los bailarines y, de forma más general, la capacidad de comunicar los estados emocionales internos. Así pues, la selección natural tendría lugar a través de la conservación de los genes vinculados con la capacidad de percepción y producción musicales. Aunque no es el objetivo de este libro, veremos que el asunto de los orígenes de la música volverá a aparecer en numerosas ocasiones, y que se han propuesto distintas teorías para explicarlo.

1.1.2. Cómo se estudia a los recién nacidos

El estudio del desarrollo de las capacidades de asimilación musical en los niños exige el empleo de paradigmas experimentales particulares que permiten detectar la presencia de percepción y procesamiento musicales sin el uso de una mediación verbal. Una forma de estudiar las capacidades de percepción lingüística en bebés de entre 6 y 10 meses de edad, o incluso más pequeños, consiste en la presentación de una melodía, o de un breve fragmento musical, a través de un altavoz colocado a la derecha o a la izquierda del niño, sentado en las rodillas de su madre o de su padre. Los bebés dirigen la mirada hacia el altavoz que ha emitido un sonido, y en ese momento se les muestra un muñeco o una luz que parpadea. La ausencia de respuesta por parte del niño o una respuesta aleatoria no da lugar a ninguna señal por parte del experimentador. La medida que se registra es el tiempo durante el que el recién nacido mantiene la mirada. En efecto, se ha descubierto que el recién nacido está más tiempo mirando el juguete si la palabra que ha oído es una palabra familiar. Este procedimiento permite mantener un buen nivel de concentración del bebé por lo menos durante 10 o 15 minutos, y es una tarea fácil que incluso puede repetirse varias veces. Los bebés demuestran una gran facilidad para discriminar la igualdad o la diversidad de los sonidos que se les presentan, y las oportunas manipulaciones experimentales de los estímulos (cambios de tono, de ritmo*, de instrumento, de melodía, etcétera) permiten obtener un cuadro bastante preciso sobre las características musicales que son capaces de reconocer y por consiguiente de procesar. Algunos estudios también han utilizado el tiempo de succión como medida de la preferencia del recién nacido respecto a un estímulo auditivo presentado mientras es amamantado, u otros parámetros fisiológicos como el pulso o el ritmo respiratorio.

1.1.3. La experiencia prenatal

Esos paradigmas experimentales permiten, dentro de unos límites, estudiar incluso la experiencia prenatal del recién nacido. En efecto, es posible hacer escuchar música a la criatura cuando todavía está en el seno materno y después estudiar sus efectos nada más nacer. De esa forma ha sido posible descubrir que incluso antes de nacer los niños son sensibles a la música y a los sonidos en general. Se trata, en primer lugar, de una elegante demostración del funcionamiento del sistema perceptivo y cognitivo mucho antes del nacimiento. En segundo lugar, también revela que la estimulación auditiva prenatal puede tener efectos en el comportamiento del recién nacido.

Distintos estudios han demostrado que el feto empieza a oír los sonidos ya durante el segundo trimestre del embarazo, y a responder coherentemente a sonidos y ruidos a partir del octavo mes de gestación. Los recién nacidos reconocen ante todo la voz de su madre. También en este caso resulta muy fácil vincular esa facultad con la necesidad que tiene el niño de reconocer inmediatamente a su madre: al nacer, la vista es todavía muy confusa, y el reconocimiento de los estímulos ambientales tiene que basarse inmediatamente en el oído y, probablemente, en el olfato. Lo más extraordinario es que las capacidades de los recién nacidos parecen ir mucho más allá del «simple» reconocimiento de una voz. Efectivamente, algunos estudios han demostrado que un cuento leído repetidamente por la madre durante el tercer trimestre del embarazo es preferido por el niño después de nacer frente a un cuento que nunca le han leído. En efecto, la succión del pecho materno duraba más tiempo cuando los recién nacidos escuchaban el cuento conocido que cuando su madre les contaba un cuento nuevo. Además, en el caso de los recién nacidos que por el contrario no habían escuchado reiteradamente ningún cuento durante el embarazo no se detectaba ninguna preferencia, y todos los cuentos se percibían de la misma forma (De Casper y Spence, 1986). Así pues, cuando todavía está en el útero, el futuro nacido parece ser sumamente sensible a la estructura acústica* del sonido, es decir, a lo que los lingüistas denominarían prosodia. En efecto, lo que se recuerda no es el sentido del cuento, sino el tono de la voz, su perfil que sube y baja, su intensidad*, las respiraciones y las pausas, su musicalidad.

Por lo que se refiere a la música, aunque no ha habido muchos estudios sobre la percepción prenatal, los resultados parecen demostrar que la música no solo puede aprenderse en el útero, sino que incluso puede recordarse después del nacimiento. Por ejemplo, se ha demostrado que los recién nacidos de una semana de vida prefieren la nana que su madre les ha cantado durante el embarazo. Además, las nanas cantadas durante el embarazo parecen tener mayor efecto calmante que otras nanas. El estudio de Perani *el al.* (2010) ha demostrado que la experiencia prenatal permite al recién nacido (1-3 días de vida) sensibilizarse a los parámetros tonales de consonancia y disonancia musicales. Peter Hepper (1991) aprovechó el hecho de que algunas madres habían visto una serie de televisión durante su embarazo, y que por consiguiente el feto había «escuchado» cientos de veces la canción que sonaba al principio y al final de cada episodio. Los recién nacidos, a los que se observó entre los dos y los cuatro días después de nacer, manifestaron una disminución del ritmo cardiaco al escuchar la canción de la serie de televisión. No se pudo observar ninguna variación al escuchar piezas musicales desconocidas, ni tampoco en un grupo de control cuyas madres no habían visto aquella serie. Además, ese efecto calmante estaba presente solo en el caso de los recién nacidos cuyas madres habían visto la serie de televisión a partir de la trigésima semana de gestación, y no antes. En un estudio más reciente, un grupo de investigadores finlandeses ha descubierto que las respuestas cerebrales a una melodía presentada a unos bebés de cuatro meses eran distintas dependiendo de que dicha melodía se les hubiera presentado o no, de forma reiterada, durante el último trimestre del embarazo (Partanen *et al.,* 2013). Dichos resultados demuestran que el feto, por lo menos más allá del octavo mes, posee unas capacidades de análisis acústico y una memoria muy desarrolladas respecto a lo que cabría imaginar.

Por último, aunque algunos estudios recientes parecen indicar que escuchar música en el útero puede acelerar el desarrollo de algunas conductas, como la lalación o balbuceo y la coordinación mano-ojos, hacen falta estudios más en profundidad para validar esas hipótesis. También se han realizado estudios análogos sobre el modelo animal (pollitos y ratas) que han revelado modificaciones en la neurogénesis y la sinaptogénesis del hipocampo.

1.1.4. La abstracción musical

Una silla roja o negra, grande o pequeña, siempre es una silla. Si un hombre o una mujer pronuncian la palabra «casa», el sonido será muy distinto, pero nuestra comprensión será siempre la misma. Una melodía conocida, cantada por un niño o por un anciano, siempre tendrá su identidad. El cerebro, una vez realizado el análisis acústico del sonido, transforma la materia sonora en materia musical abstracta. Eso significa que el objeto musical se libera del sonido que lo ha generado y adquiere su propia identidad independiente de aquel. Dicha identidad es básicamente de tipo relativo, dado que la asimilación de una melodía pasa por la representación de las relaciones entre los sonidos, más que por los sonidos en sí. Así pues, cada sonido tiene una representación que depende del sonido que lo precede, más grave, más largo, más sonoro, más dulce, etcétera, con una cuantificación, a menudo categorial, de dichas relaciones: el doble de largo, un tono más grave. Evidentemente, todo ello requiere una capacidad de abstracción, que a su vez implica distintas operaciones cognitivas. Por consiguiente resulta interesante estudiar el desarrollo de ese tipo de operaciones en los niños.

Hoy sabemos que los recién nacidos, igual que los adultos, son capaces de reconocer una melodía independientemente de la nota* con la que uno empieza a cantarla. En efecto, si la melodía se transpone hacia arriba o hacia abajo, los recién nacidos, a partir de los seis meses, siguen reconociéndola (Trehub, Thorpe y Morrongiello, 1987). Eso significa que los recién nacidos no utilizan las características superficiales, es decir, los parámetros acústicos exactos de cada nota, como representación, sino las relaciones entre las notas. En efecto, cuando, tras una transposición, se presenta una melodía en una u otra tonalidad*, la frecuencia* de las notas cambia, pero las relaciones (los intervalos*, las relaciones de duración) entre ellas se mantienen. A pesar de todo, las características superficiales parecen desempeñar un papel importante, dado que las transposiciones de una octava (es decir, el doble de la frecuencia fundamental) son más fácilmente reconocibles para los recién nacidos que las transposiciones que no implican relaciones simples. También se han observado resultados parecidos con monos, que, tras un entrenamiento laborioso y prolongado, solo son capaces de reconocer como semejantes dos melodías transpuestas en una octava, y no cuando se transponen con intervalos más complejos. Otro resultado que apunta en la misma dirección nos lo ofrecen los estudios que se interesan por el reconocimiento de una melodía tras una modificación de la duración o del tempo*. En efecto, los recién nacidos son capaces de reconocer una secuencia musical presentada a dos velocidades distintas cuando se mantienen las relaciones temporales internas (Trehub y Thorpe, 1989). Y eso también es válido en el caso del timbre* utilizado, en el sentido de que se reconoce una melodía aunque se toque con un instrumento distinto del utilizado para la primera escucha. Estos datos sugieren que los recién nacidos se centran más en los aspectos relativos de la estructura musical que en los absolutos. Se trata de una experiencia también muy habitual para los adultos, que son capaces de reconocer una pieza musical independientemente de los arreglos y de la versión en la que se ha presentado. Somos capaces de reconocer una sonata de Mozart o de Beethoven que se utiliza en un anuncio de televisión o en el tono de un teléfono móvil aunque la «distancia» respecto a la versión original sea enorme. Sin embargo, lo importante es que incluso un niño muy pequeño es capaz de realizar ese tipo de generalizaciones que, por consiguiente, indican un desarrollo ya avanzado del sistema cognitivo utilizado para la comprensión musical y una alta capacidad de abstracción.

1.1.5. Percepción de la altura

El análisis de una melodía requiere distintos mecanismos. Ante todo, uno que permita codificar la altura de las notas, es decir, su frecuencia en hercios, y otro que permita codificar la información temporal, es decir, cuánto dura cada nota. A su vez, la codificación de la altura de las notas puede descomponerse en dos aspectos, aunque relacionados entre sí: la asimilación del contorno y la asimilación de los intervalos.

El contorno melódico, o contorno tonal, es la sucesión de las subidas y bajadas de las notas en una melodía. En cierto sentido es el equivalente de la partitura musical para alguien que no sepa leer música, puesto que las notas trepan y descienden por el pentagrama. En cambio, la dimensión de los intervalos, como su propio nombre indica, codifica la distancia exacta entre dos notas. Si quisiéramos estudiar la importancia, para los niños, de las distintas dimensiones de la melodía, podríamos utilizar un procedimiento bastante similar a los que hemos visto anteriormente. Por ejemplo, podríamos presentar a los niños una melodía y posteriormente otra, igual o distinta de la anterior. El tipo de modificación es lo que los investigadores denominan variable independiente, en el sentido de que no depende de quien escucha sino únicamente del investigador. Por ejemplo, para estudiar las capacidades de codificación del contorno y de los intervalos se podrían hacer dos tipos de modificaciones. En un caso se podría cambiar una nota que modificara el contorno en un punto determinado de la melodía, y en el otro se cambiaría solo un intervalo. Trehub, Bull y Thorpe (1984) estudiaron la capacidad de reconocimiento de los niños para evaluar la importancia de las dos dimensiones en la infancia. Los resultados revelaron que la capacidad de codificar el contorno de una melodía es particularmente resistente en los niños. En efecto, los cambios del contorno se reconocen con mayor facilidad que los cambios de intervalo.

Los niños son capaces de identificar los cambios en el contorno incluso cuando se les presentan dos melodías tras un silencio de 15 segundos (Chang y Trehub, 1977) o bien cuando, en la pausa entre la presentación de las dos melodías, se inserta un sonido para distraer la atención (Trehub, Bull y Thorpe, 1984). Esa capacidad es muy importante también en los adultos, y no parece que dependa de la experiencia musical en sí. En efecto, parece que la capacidad de asimilación de un contorno musical es sustancialmente independiente de los factores de formación y de la experiencia específica. Una comparación entre músicos y no músicos no reveló ninguna diferencia, entre esos dos grupos, en su capacidad de asimilar las características del contorno; en cambio, las diferencias relacionadas con el grado de competencia musical resultan evidentes en otros aspectos que caracterizan el reconocimiento de una melodía, como por ejemplo los intervalos musicales (Trainor, Desjardins y Rockel, 1999).

Cuando nos interesamos por la asimilación de los intervalos musicales en seguida con topamos con el sistema tonal. Al igual que la gramática regula las relaciones entre sujeto y verbo, el sistema tonal regula las relaciones entre las distintas notas, a pesar de que, en el caso de la música, las reglas son más de tipo perceptivo. El sistema tonal es específico de la cultura occidental. Otras culturas tienen otros tipos de sistemas con relaciones distintas entre las notas. Aquí el punto importante es comprender que algunas notas van a tener una relación privilegiada dentro del sistema tonal, algo parecido al hecho de que el sujeto «nosotros» y el verbo «somos» tienen un vínculo privilegiado en nuestra gramática.

Una serie de estudios ha demostrado que los adultos son capaces de recordar detalles que tienen que ver con la estructura de los intervalos de una melodía. Sin embargo, esa capacidad depende del tipo de intervalos que se presentan. Los intervalos más comunes del sistema tonal se codifican y se recuerdan mejor que los intervalos poco frecuentes. En un contexto tonal, los adultos son capaces de reconocer los intervalos entre las notas de melodías familiares. En determinadas circunstancias, también los niños consiguen extraer información relacionada con los intervalos musicales. El contexto que posibilita ese proceso de asimilación en los niños es parecido al que facilita la asimilación de los intervalos en los adultos, es decir, un contexto tonal y unas melodías sencillas. Ya entre los 6 y los 10 meses de vida, los recién nacidos son capaces de detectar cambios del intervalo musical en melodías que respetan sus convenciones culturales, pero no pueden detectar esos mismos cambios en melodías extrañas y poco familiares (Trainor y Trehub, 1993). Al parecer, los recién nacidos son capaces de detectar otras características de los intervalos. Por ejemplo, la asimilación de intervalos consonantes resulta más fácil que la asimilación de intervalos disonantes. Además, escuchar una música que contiene intervalos consonantes influye en la atención y en el estado de ánimo. Los niños prestan más atención y manifiestan una mayor satisfacción al escuchar música consonante. La situación contraria, con una disminución del estado de ánimo, se da cuando el niño escucha una música con numerosos intervalos disonantes. Estos datos han llevado a conjeturar que la asimilación de los intervalos consonantes tiene un carácter universal e innato. Si por el momento aún resulta imposible afirmar si esos mecanismos son innatos o no, en cualquier caso resulta interesante señalar que el recién nacido se familiariza de una forma totalmente automática y rápida con los estímulos musicales de su entorno, y que ese fenómeno hace al niño especialmente competente a la hora de asimilar los estímulos a los que se ve sometido más a menudo.

Todo ello nos conduce a un principio bastante general de funcionamiento cognitivo que también es aplicable a la asimilación musical. Nuestro cerebro desarrolla sus competencias en función del nivel de familiaridad con un determinado grupo de estímulos. Y eso ocurre en los contextos más diversos: somos capaces de distinguir con mayor sensibilidad los rostros que vemos con mayor frecuencia (reconocemos bien a los occidentales, mientras que tenemos dificultades para distinguir los rostros orientales), o incluso el entorno urbano en el que vivimos (orientarse en una pequeña ciudad estadounidense formada por chalets y casas pequeñas, y con calles paralelas, puede resultarle muy difícil a un italiano que viva en una ciudad pequeña, de origen medieval, con unos edificios que son reconocibles en función de unos indicios completamente distintos de los que utiliza un estadounidense para distinguir los chalets). Análogamente, una serie de competencias musicales que tenemos para la música a la que estamos acostumbrados resultan insuficientes para la discriminación de melodías de estilos desconocidos para nosotros: toda la música contemporánea, que todavía es privilegio de una élite, nos parecerá igual, y a menudo, en su diversidad, es decir, en nuestra ignorancia y nuestra incapacidad de reconocerla, nos suscitará emociones y reacciones negativas.

1.1.6. Estructuras temporales

La percepción del ritmo reside en su mayor parte dentro de la gama temporal que va de 1 a 10 hercios. Lo fascinante es que, en esa gama, la percepción humana crea involuntaria e inmediatamente relaciones temporales entre los acontecimientos. Ya con dos meses de vida, el recién nacido es capaz de identificar pequeños cambios en la velocidad de presentación de sonidos con un intervalo regular. Los sucesos muy lentos se perciben como separados, como por ejemplo el sonido de las campanadas que marcan las horas. En cambio, los eventos muy rápidos se agrupan, pero de forma distinta, y pierden su identidad para crear una nueva, como por ejemplo un único sonido grave (de 20 hercios) o una vibración táctil, o el temblor de una imagen.

Cada especie animal tiene sus movimientos rítmicos característicos. El primer movimiento rítmico del recién nacido es la succión, que varía entre los 600 y los 1.200 milisegundos (ms). Cada recién nacido tiene su propia cadencia característica. Hacia los seis meses de vida aparece el bamboleo del busto, cuando el niño está sentado. Habitualmente se trata de un fenómeno transitorio, que a veces permanece hasta los 5 años. A veces subsiste más tiempo, en algunos casos de déficits mentales y de trastornos psicóticos, y en distintas modalidades de oración. Posteriormente aparecen la lalación (7 meses) y la deambulación, también con sus propias cadencias individuales características. La lalación parece ser el primer ritmo propiamente lingüístico. En los niños hijos de sordomudos se detecta también en las manos, pues se ha demostrado que dichos niños empiezan a realizar movimientos con las manos que todavía no son propiamente lingüísticos pero que tienen una característica rítmica muy concreta.

Si bien esos ritmos podrían calificarse de espontáneos, a partir de una determinada edad el niño empieza manifestar también unos ritmos que están vinculados con factores externos. Ya a partir del año el niño puede manifestar un bamboleo inducido por la música. A partir de los 3 años es capaz de sincronizar el movimiento de la mano con la música (lo que se conoce como *pacing*). Fácil, dirán muchos, y en efecto resulta fácil de hacer, pero los mecanismos cognitivos que permiten hacerlo bien son sumamente complejos. El punto clave es que la señal para la respuesta motriz no es el estímulo sonoro, sino el intervalo temporal entre estímulos (óptimo para los intervalos entre los 400 y los 800 ms). En otras palabras, para dar palmas siguiendo el ritmo es necesario saber analizar la serie temporal de sonidos, crear una estructura que nos permita prever el futuro y anticipar la planificación motriz, a fin de estar en sincronía con el sonido que aún no se ha producido. En los músicos, la precisión puede ser increíblemente alta (entre 2 y 4 ms), mientras que en algunos casos la capacidad de *pacing* puede ser deficitaria, como ocurre con los niños disléxicos. Al parecer, esa capacidad de sincronización empieza muy pronto, porque se ha demostrado que el ritmo de succión del lactante, que es muy regular, puede, en determinadas circunstancias concretas, verse alterado al escuchar música.

Otro fenómeno interesante es el que a menudo se define como «ritmización» subjetiva. Sonidos idénticos que se suceden a intervalos iguales son percibidos, sin embargo, en grupos. El lector puede hacer la prueba de pedirle a un amigo o una amiga que golpee la mesa con la mano de una forma regular, sin acentos: al cabo de unos cuantos ciclos tendrá la sensación de que los toques se agrupan en grupos de dos, tres o cuatro. Aunque el término «subjetiva» es incorrecto, dado que cualquier ritmo es el resultado de una actividad subjetiva, en cualquier caso el fenómeno es interesante porque subraya el carácter perceptivo y espontáneo del agrupamiento rítmico. También es interesante señalar que hay unos límites (inferiores y superiores) más allá de los cuales el fenómeno desaparece. El límite superior en particular, es decir, el intervalo más largo, tiene un importante significado perceptivo: indica el punto en el que dos sucesos dejan de percibirse como relacionados y se perciben como sucesos independientes. Es algo parecido a lo que ocurre en la percepción visual, tal y como la describe la psicología de la *Gestalt,* que demuestra que una serie de puntos se perciben como un todo si respetan la ley de la proximidad. Si por el contrario los puntos están demasiado distantes entre sí, se perciben como puntos aislados. De forma análoga, los sonidos demasiado espaciados entre sí se percibirán como sonidos individuales. El lector puede pedirle a su amigo o amiga que vaya espaciando poco a poco los toques, y verá que en un momento determinado se modificará la relación entre estos hasta desaparecer, de modo que los toques individuales parecerán aislados en el tiempo.

La introducción de una diversidad en una secuencia isócrona como la que acabamos de describir crea un agrupamiento de los elementos incluidos entre las dos diversidades sucesivas. Por ejemplo, imaginemos que desplazamos temporalmente una de cada dos notas hacia la nota posterior, en media unidad de tiempo. Tendremos una nota inicial, separada de la segunda por una pausa de una unidad y media, que a su vez está a media unidad de la tercera, que dura una unidad, y el ciclo vuelve a empezar (para los que saben solfeo, eso equivale a una negra con puntillo, una corchea y una negra). Si el lector consigue crear este ritmo, que en realidad resulta más difícil de explicar con palabras que de ejecutar, la segunda y la tercera notas, al estar más próximas, se percibirán como particularmente vinculadas entre sí, pero, en general, la célula rítmica en su conjunto se percibirá como una unidad temporal. Así pues, el cerebro parece tender a reunir en grupos (también denominados *chunks)* distintos sucesos. Ese funcionamiento es de primordial importancia, dado que permite mantener en la memoria varios elementos a la vez. En efecto, los distintos elementos, una vez reunidos en un grupo, cuentan como una unidad en la memoria. Si por ejemplo el lector piensa en la breve melodía que obsesionaba a Roger Rabbit, popularmente conocida como *Una copita de ojén,* probablemente sabrá tararearla, pero no tendrá la mínima idea de cuántas notas la componen.

Las reglas que permiten el agrupamiento no son solo de tipo rítmico. En general podríamos decir que los factores que determinan el agrupamiento son de dos tipos, aunque no siempre diferenciados: los perceptivos y los de la estructura musical. Los primeros obedecen a las leyes descritas por la *Gestalt,* como la proximidad (en el tiempo y en la altura), el parecido (resultará más fácil agrupar dos notas de la misma duración) y otros principios que no vamos a detallar. Por otro lado, la estructura musical influye en el agrupamiento, puesto que los cambios en la armonía* y el uso de fórmulas rítmicas o melódicas estereotipadas influyen sensiblemente en nuestra forma de percibir y de juntar los sucesos.

Ese tipo de organización rítmica de las frases musicales es válido tanto para los adultos como para los niños. Trehub y Thorpe (1989) demostraron que los niños de entre 7 y 9 meses de edad pueden distinguir configuraciones rítmicas sencillas y que, además, igual que los adultos, las reconocen cuando les son presentadas a distintas velocidades. Una vez más, eso demuestra el nivel de abstracción del que son capaces los recién nacidos, dado que, desde un punto de vista perceptivo, una misma configuración rítmica es muy diferente si se toca despacio o deprisa. Krumhansl y Jusczyk (1990) presentaron a unos niños de entre 4 y 5 meses de edad algunos minuetos de Mozart en los que se habían insertado unas pausas que podían estar o bien dentro de las frases musicales o bien entre ellas. Los niños preferían escuchar las versiones con las pausas entre las frases. Ese resultado apunta a que los niños son sensibles a los indicios estructurales de las piezas musicales. Después los autores ampliaron esos resultados y demostraron que los niños responden a los indicios estructurales de las frases musicales, asimilando la tonalidad, el contorno y sobre todo la duración de las notas y las configuraciones rítmicas. También nos parece importante destacar que la percepción del ritmo no puede abordarse únicamente en la modalidad auditiva, sino que también está fuertemente vinculada al movimiento, especialmente durante el periodo del desarrollo (Phillips-Silver y Trainor, 2005). Además, la sincronización del movimiento entre adulto y niño parece estar en la base de la relación social, y recientemente un grupo de investigadores ha descubierto que cuando un adulto hace saltar sobre sus rodillas a un niño de 14 meses está facilitando la interacción social entre ambos (Cirelli, Einarson y Trainor, 2014).

Para profundizar sobre el tema de la percepción de la música durante la primera infancia remitimos al lector al artículo de Trehub y Hannon (2006).

1.2. La música materna

1.2.1. El canto materno

Hasta hace unos años las investigaciones sobre el comportamiento vocal materno se centraban exclusivamente en el discurso materno dirigido a los niños, el lenguaje conocido como *motherese,* y en sus efectos sobre los jóvenes oyentes. En cambio, en este libro nos parece oportuno detenernos sobre la cuestión del canto materno, que es la auténtica primera experiencia musical para el recién nacido, y que los bebés de entre 6 y 10 meses de vida parecen preferir al *motherese* (Tsang, Falk y Hessel, 2017). Las nanas, las cantinelas, las canciones propiamente dichas han sido desde siempre uno de los primeros canales de entretenimiento para los niños, y las madres utilizan profusamente estos estímulos, de la misma forma que en los juegos para los recién nacidos nunca faltan las melodías sencillas para atraer al niño o para favorecer que se duerma (por ejemplo, las cajas de música). Es algo que ocurre en todas las culturas y sociedades, y existe una amplia documentación que demuestra que el canto materno ha sido una práctica generalizada en todos los periodos históricos. En algunas sociedades primitivas todavía perviven algunas cantinelas cuyo rastro se remonta varios miles de años. Falk sugiere que el *motherese* y el canto evolucionaron como una forma de mantener al recién nacido atento y sereno siempre que los ojos y las manos de su madre estaban dedicados a la búsqueda de alimentos o a otras tareas (Falk, 2004). El canto materno consiste principalmente en un repertorio de nanas y de canciones que tienen como finalidad el juego y la regulación de los estados emocionales (calmar, activar); para un observador no informado, las nanas desconocidas, incluidas las que proceden de culturas musicales distantes, mantienen siempre cierto carácter de familiaridad. Eso ocurre probablemente porque la característica principal de las nanas consiste en una regularidad extrema, en la sencillez y lo repetitivo de su estructura. Eso, por un lado, facilita el proceso de reconocimiento de familiaridad y, por otro, incrementa la capacidad de discriminación entre las distintas canciones (Trehub, Unyk y Trainor, 1993).

Una madre que le canta a su bebé lo hace con un estilo peculiar, diferente del que utiliza en otros contextos musicales. El canto dirigido a los niños se caracteriza por un registro (tono de la voz) más alto, por un tempo lento y por el aumento de las cualidades expresivas en la voz. También la edad del niño influye en el canto materno: las madres varían su modo de cantar en función de la edad de los niños (Bergeson y Trehub, 2002). Por ejemplo, cuando le cantan a un recién nacido, el registro es más alto comparado con el que utilizan para cantar a un niño de edad preescolar, y la articulación de las palabras es más pronunciada. Esas características también son evidentes cuando los padres les cantan a sus niños, y cuando los niños de edad preescolar les cantan a sus hermanos pequeños (Trehub, Unyk y Trainor, 1994; Trehub, Hill y Kamenetsky, 1997).

Aparentemente, los efectos del canto materno también van más allá de la presencia de la madre, que indudablemente es el elemento de máximo interés del niño. En efecto, a la edad de 6 meses un niño mantiene la atención durante más tiempo cuando mira una grabación en vídeo de su madre mientras le canta que cuando observa la grabación de un discurso. Los bebés se quedan fascinados por ese tipo de canto, y mantienen la mirada fija en la pantalla. Además, el canto materno consigue elevar el nivel de activación *(arousal)* del bebé. Y por añadidura, incluso utilizando una grabación, los recién nacidos escuchan durante un tiempo significativamente más largo una grabación de un canto femenino en el estilo materno que de uno cantado con un estilo normal e informal (Trainor, 1996). Por último, los recién nacidos permanecen más atentos, y se implican más emocionalmente si escuchan versiones de canciones en un registro alto que en un registro más bajo (Trainor y Zacharias, 1998). Esas preferencias apuntan a la importancia de las características vocales del canto, incluso cuando las melodías no son familiares y faltan los gestos y los movimientos expresivos que a menudo acompañan al canto materno.

A pesar de que existen grandes diferencias entre los cantos maternos, son más bien reducidas a nivel interindividual. En un experimento realizado para verificar lo repetitivo de las pautas asociadas al canto materno se vio que, cuando las madres cantan la misma canción al niño en dos ocasiones separadas por un intervalo de una semana o más, la altura tonal difiere en menos de un semitono, y la velocidad no difiere en más del 3 por ciento (Bergeson y Trehub, 2002). Esas variaciones de tempo y de altura también son menores en comparación con las que se registran en la repetición de piezas de música ligera, lo que viene a confirmar que el comportamiento que adoptan las madres en el canto a los niños está sumamente estabilizado y basado en costumbres implícitas muy arraigadas. Además, esas variaciones también son menores que cuando se le pide a la madre que repita frases verbales. Eso demuestra que el canto tiene cierta estabilidad en el conjunto general de la comunicación madre-niño y que va asociado a unas características emocionales y comunicativas específicas. La repetición frecuente de una melodía a los niños también puede implicar una especie de memoria motriz, y puede asemejarse a un rito, que siempre se pone en práctica con el propósito de facilitar la comunicación preverbal.

1.2.2. El significado biológico del canto materno

La predisposición universal de las madres a cantarles a sus hijos y el efecto de ese canto en la atención y la activación cognitiva del recién nacido podrían sugerir que el canto materno posee unas características adaptativas que contribuyen al aumento de la supervivencia neonatal. Como hemos dicho, el canto materno es una modalidad de comunicación entre la madre y su hijo en la edad preverbal, y parece que logra fomentar relaciones emocionales recíprocas y reducir la distancia psicológica entre la cantante y el oyente. Indudablemente, el canto tiene un gran interés para el recién nacido e influye en él. Al mismo tiempo, la madre o el padre tienen en el canto una mayor posibilidad de expresar sus emociones y su afecto, justamente porque el canto es una forma enfática, pero socialmente aceptada, de lenguaje. De esa forma, el canto materno podría contribuir a la formación de la relación de apego entre la madre y su bebé. Más en general, distintos estudios han revelado que el canto materno contribuye al bienestar del niño y a la regulación de la homeostasis, por ejemplo con la reducción de llanto o con el adormecimiento, o bien con el aumento de la actividad motriz y de la atención, dependiendo de la situación, y eso basta para que la madre tienda a reforzar esa conducta. Además, el canto podría desempeñar un papel importante en el desarrollo de los comportamientos imitativos. En efecto, la escucha de una melodía cantada, en comparación con una melodía tocada por un instrumento, parece requerir la intervención de un circuito cerebral auditivo-motor. En otras palabras, la escucha del canto, más que de la música instrumental, exige no solo crear unas representaciones auditivas de los sonidos sino también unas representaciones motrices de cómo se han producido dichos sonidos, un fenómeno que podría ser la base de un aprendizaje imitativo del lenguaje. Otros estudios recientes permiten plantear la hipótesis de que el canto puede ayudar al niño a aprender la lengua, dado que parece facilitar la segmentación, es decir, la extrapolación y reconocimiento de las palabras (Schön *et al.,* 2010a).

A pesar de que hoy en día predomina la música grabada, lo que nos induce a pensar que la música es un fenómeno puramente auditivo, sabemos que el canto va acompañado de movimientos del cuerpo que se transmiten al recién nacido cuando le sostienen en brazos, de intercambios de miradas y de diversas expresiones faciales. Por consiguiente, sabemos que el canto es más eficaz que la música grabada en lo referente al mantenimiento de una homeostasis en el bebé, y además parece desempeñar un papel importante en el desarrollo de la relación entre niño y adulto. Esos efectos ya son visibles en el bebé prematuro que aún está en la incubadora, con una reducción de los eventos fisiológicos críticos y un aumento del nivel de oxigenación de la sangre (Filippa *et al.*, 2013).

1.3. Oído absoluto

1.3.1. Definición

El oído absoluto o *absolute pitch* (AP) es la capacidad de identificar de forma exacta la altura (frecuencia) de un sonido. La mayor parte de los seres humanos procesa los sonidos musicales de forma relativa. Lo que se analiza es la melodía y las relaciones entre las notas, pero no la altura absoluta de la nota. Por el contrario, las personas que poseen una capacidad de oído absoluto pueden identificar en todo momento, sin referencia a otras notas o sonidos, la altura de una nota. Eso se traduce, por ejemplo, en el reconocimiento de una nota aislada, que se identifica como un Do, un Re bemol, etcétera.

A muchos les parece fascinante que el cerebro sea capaz no solo de realizar un análisis estable y reproducible de la frecuencia exacta de un sonido, sino incluso de clasificar su altura. Si bien por un lado no cabe duda de que no se trata de una operación banal, por otra parte hay que admitir que no se limita al sistema auditivo. Por ejemplo, cuando miramos un objeto, identificamos de forma bastante exacta el color (que, entre otras cosas, también es una información espectral/frecuencial). Análogamente, cuando comemos una alcachofa, reconocemos el sabor de la alcachofa aunque tal vez de una forma menos precisa. Con esto queremos decir que los sentidos y las áreas cerebrales que los procesan son capaces de poseer una memoria del mundo exterior, que organizan en categorías. Lo que varía es el número de categorías que podemos memorizar. Dicho número es muy limitado, ¡y ahí es donde la cosa se pone interesante! Imaginemos que alguien quiere reponer una hilera de azulejos de color ocre de su cuarto de baño. Cuando llega a la tienda y se encuentra ante cincuenta tipos de ocre, esa persona dará media vuelta y regresará al día siguiente con una trozo de azulejo. Esa es la diferencia entre nuestras capacidades de distinguir y de identificar dos colores. La identificación requiere la memorización exacta del modelo. Eso también es válido para las alcachofas. ¿Sabría usted decir si el sabor de las alcachofas es distinto con una semana de diferencia? Está claro que no, a menos que usted tenga un «paladar absoluto». Probablemente incluso con una hora de diferencia lo único que usted podría decir es que la alcachofa sabe a alcachofa. Con la percepción auditiva ocurre algo parecido. Cada uno de nosotros sabe decir si un sonido es agudo, muy agudo, medio o grave, pero dentro de las categorías no sabemos ser más exactos. Las personas que tienen oído absoluto son capaces justamente de esa precisión.

Esa capacidad fascina desde hace mucho tiempo a un gran número de personas, incluidos muchos investigadores. Indudablemente, una de las cosas que más apasionan al ser humano es la rareza. El oído absoluto es sin duda una capacidad rara, y su incidencia en la población se estima en torno al 0,01 por ciento (una de cada diez mil personas; cfr. Profita y Bidder, 1988). Las personas dotadas de AP pueden identificar un sonido aislado de forma inmediata y sin haber realizado ningún esfuerzo especial para desarrollar esa capacidad. Otro factor interesante del oído absoluto es la imposibilidad, o casi, de aprenderlo. En efecto, parece que esa capacidad, aunque no sea del todo innata, resulta imposible de aprender una vez superado un determinado umbral de edad, antes de la pubertad. Todos los cursos de formación realizados con músicos adultos para desarrollar el oído absoluto han sido un fracaso. Así pues, su rareza entre la población humana, la imposibilidad de adquirirlo una vez superada la infancia y su absoluta facilidad y automatismo para quienes lo poseen provocan que el oído absoluto sea a todos los efectos un fenómeno interesante.

Por otra parte, no podemos ocultar el hecho de que, si los seres humanos generalmente son incapaces de asociar a un sonido una frecuencia exacta, seguro que tiene que haber un porqué. Si tomamos una explicación relacionada con la evolución de la especie humana, podríamos formular dos hipótesis: una vinculada con la escasa utilidad del oído absoluto y otra relacionada con su «nocividad». Respecto a la primera hipótesis, podemos afirmar con cierta seguridad que tener oído absoluto no sirve para nada, ni siquiera a los músicos. Nunca se ha demostrado una correlación entre el oído absoluto y las capacidades musicales. Además, ha habido y hay grandísimos músicos que no tienen oído absoluto. Hay músicos que sostienen que es incluso un impedimento para liberarse de la entonación temperada (que divide la octava en 12 semitonos iguales) y poder tocar con una entonación expresiva (con un semitono de amplitud variable dependiendo del contexto tonal), y también para saber adaptarse a un diapasón distinto (con el La a 440, a 432 o a 415 hercios). Desde luego, no se trata de un inconveniente tan grave como para que repercuta en la selección de la especie, y por consiguiente dejamos a un lado la segunda hipótesis, dado que no parece que haya motivos válidos para afirmar que el oído absoluto pudiera ser una amenaza para la especie humana.

1.3.2. El origen del oído absoluto: el aprendizaje y los genes

Aunque el oído absoluto no es una facultad importante para la percepción y la comprensión de la música, en cualquier caso se considera un factor preferente en la formación de un músico. En las culturas donde se fomenta la formación y la educación musical a partir de una edad muy precoz, como por ejemplo en Japón, con el famoso método Suzuki, la incidencia de esa facultad entre los músicos es mucho mayor, y puede llegar nada menos que al 50 por ciento (Miyazaki, 1988). Eso ha llevado a algunos investigadores a sugerir que el oído absoluto podría ser adquirido por todos los individuos, pero exclusivamente durante un periodo «crítico» que concluye cuando el niño alcanza los 5 o 6 años de edad.

El problema es que la capacidad de oído absoluto no es algo homogéneo, idéntico en todas las personas. Algunas características musicales, como por ejemplo el timbre y la altura del sonido, pueden tener distintos efectos sobre el rendimiento de los sujetos con AP. También el nivel de exactitud y de consistencia en la identificación y en la producción de la altura exacta varía enormemente entre distintos sujetos.

A pesar de todo, existen algunos datos a favor de una teoría del aprendizaje precoz del oído absoluto:

- existe una correlación entre la edad en que comienza la formación musical y la probabilidad de tener oído absoluto;
- los intentos de enseñar el oído absoluto a los niños más pequeños han tenido más éxito que los dirigidos a los niños de más edad o a los adultos;
- entre los 3 y los 6 años de edad se modifica la pauta de reproducción de melodías: de un criterio absoluto a uno relativo por comparación;
- algunos datos, por otra parte bastante limitados, apuntan a cierta capacidad de *residual absolute pitch* (oído absoluto residual) en adultos.

La capacidad de oído absoluto se atribuye a una formación musical precoz y prolongada, junto a una predisposición genética. En un grupo muy grande de músicos, el 40 por ciento de los sujetos que iniciaron su formación musical antes de los 4 años de edad poseía oído absoluto; en cambio, tan solo el 26 por ciento de los sujetos que empezaron a estudiar música a los 4-6 años y el 8 por ciento de los que empezaron a partir de los 6-9 años habían llegado a desarrollar oído absoluto.

En todos los casos en que se pretende identificar los factores que han favorecido el desarrollo de una capacidad determinada se vuelve al problema general de la naturaleza y la cultura. Claramente, no es posible llegar a una respuesta cierta, pero, al igual que en otros casos, parece que una postura intermedia, que reconoce por un lado la influencia de predisposiciones biológicamente determinadas y por otro el papel del entorno y de los estímulos externos, puede ser la más equilibrada para afrontar esas especulaciones teóricas.

Un dato que avala la teoría del aprendizaje proviene del fenómeno del *residual absolute pitch*. Se ha observado que, si bien la mayoría de los adultos no es capaz de identificar la altura de forma absoluta, sí puede aproximarse a la altura exacta en un contexto musical familiar, con canciones conocidas. Esa capacidad se denomina *residual absolute pitch* (oído absoluto residual). Por ejemplo, Halpern (1989) descubrió que la altura de la nota con la que se empieza a cantar una canción conocida permanece más o menos constante, incluso después de un intervalo de tiempo muy largo. Además, los sujetos adultos carentes de oído absoluto, cuando tienen que repetir canciones populares después de haber oído una única versión grabada, las repiten en un tono muy parecido al de la grabación. Esos datos sugieren que todas las personas tienen –o quizá, mejor dicho, hayan tenido– la posibilidad de desarrollar oído absoluto.

La teoría del aprendizaje, en su versión más extrema, plantea la hipótesis de que la herencia no tiene nada que ver con la capacidad de oído absoluto. El desarrollo del AP dependería, por el contrario, de una serie de circunstancias ambientales y formativas. Además, aunque distintos autores han intentado identificar los estímulos y las condiciones que pueden favorecer el desarrollo del oído absoluto en los niños, solo han logrado producir una lista interminable de condiciones y relaciones difícilmente contrastables con la realidad. En resumidas cuentas, esa teoría considera que cualquiera puede desarrollar un oído absoluto en unas «circunstancias adecuadas», que al mismo tiempo son desconocidas. Como ya hemos apuntado anteriormente, parece que una postura intermedia que reconozca el valor genético junto con los efectos del entorno es la que mejor puede reflejar los datos de que actualmente disponemos. Un ulterior factor ambiental, investigado recientemente, es la lengua materna. En efecto, parece que, en igualdad de condiciones de edad, los niños músicos chinos desarrollan oído absoluto más a menudo que los niños músicos estadounidenses. Así pues, un factor importante podría ser la capacidad de los niños chinos, adquirida desde muy pequeños, de asociar un significado distinto en función de la altura del sonido (el chino es una *lengua tonal* porque un mismo sonido, pronunciado de una forma más aguda o más grave, puede tener significados distintos). También el aprendizaje de una lengua tonal como segundo idioma parece facilitar la adquisición del oído absoluto (Deutsch *et al.,* 2009).

En cualquier caso, está claro que un buen candidato para explicar la desigualdad en el reparto del oído absoluto entre la población humana es la genética. Algunos descubrimientos recientes hablan a favor del importante papel de la genética en la presencia o no del oído absoluto en un individuo. En efecto, parece que hay una mayor incidencia del AP en el seno de una misma familia. Sin embargo, eso no puede considerarse una prueba definitiva a favor de la hipótesis genética. En efecto, los miembros de una misma familia no solo comparten muchas cosas desde el punto de vista genético, sino también desde el punto de vista ambiental. Es más que probable que la misma familia ofrezca a todos sus hijos idénticas o parecidas oportunidades de estimulación musical, y que proponga los mismos itinerarios formativos. En esos casos, la influencia de factores genéticos y ambientales da lugar a un entramado difícilmente distinguible. Además, como hemos visto anteriormente, también las capacidades de oído absoluto pueden variar dentro del grupo de los que las poseen, y sería fundamental un análisis específico de esas diferencias para llegar a tener datos más seguros sobre los efectos genéticos y ambientales.

Otro factor que parece respaldar la hipótesis genética es la distinta distribución del oído absoluto entre las diferentes poblaciones humanas. En efecto, el porcentaje de personas con oído absoluto es mayor en la raza asiática. Esa diferencia podría atribuirse a variables socioculturales, pero esa preponderancia puede observarse en culturas asiáticas muy diferentes entre sí (por ejemplo, China, Corea y Japón). Además, esa superioridad se mantiene incluso después de controlar la variable de inicio de la práctica musical (que en general es más precoz en las culturas asiáticas).

Aunque por el momento los estudios sobre genética apuntan a una enorme variabilidad entre los poseedores de oído absoluto (lo que es un indicio de un vínculo débil), es posible que algún día, gracias a estudios con muestras más amplias y equilibradas, la genética sea definitivamente identificada como un factor que influye en el oído absoluto. Pero, en cualquier caso, seguirá siendo importante comprender cómo puede influir la genética en los aspectos específicos del desarrollo. En otras palabras, ¿qué codifican esos genes, y cómo interactúan con el entorno? En el caso del oído absoluto, podrían ser los circuitos neuronales los que analizan la altura, o una conexión entre dichos circuitos y las representaciones de la memoria. En cualquier caso, para poder comprender el impacto de la genética necesitamos un modelo de las conexiones cerebrales del oído absoluto.

Las bases neuroanatómicas de la capacidad de oído absoluto todavía no están bien definidas. Por un lado parece que la corteza auditiva del hemisferio derecho tiene más habilidad para la codificación de la información sobre frecuencia, y por otro parece que los músicos con oído absoluto tienen una corteza auditiva asociativa (el *planum* temporal) más importante en el lado izquierdo que en el derecho, y que esa asimetría está relacionada con la facultad de oído absoluto. La conectividad dentro de las regiones temporales (de forma particular en el hemisferio izquierdo) parece ser una buena candidata para explicar el AP. No es este el lugar para entrar en los detalles de un modelo cerebral extremadamente complejo. La cuestión importante que hemos examinado y explicitado hasta ahora es que, como ya se ha apuntado anteriormente, parece que una postura intermedia, que reconozca la influencia genética junto con los efectos ambientales, puede reflejar mejor el conjunto de los datos de que disponemos actualmente acerca de los orígenes del oído absoluto.

Concluimos este apartado sobre el oído absoluto diciendo que, aunque nos parece una capacidad banal en comparación con otras facultades cognitivas, es un tema que ha suscitado la atención de muchos investigadores justamente por su sencillez y por hecho de que resulta inútil y es independiente del resto de actividades humanas. Además, es un modelo interesante para el estudio de la interacción entre genes y cultura, una relación que afecta a todas las capacidades del ser humano. Si no logramos comprender un mecanismo sencillo y desvinculado de los demás, imaginemos lo que supondría intentar comprender fenómenos complejos e íntimamente relacionados con otros aún más complejos.

1.4. Los trastornos en el ámbito de la música

En el pasado la música se estudiaba sobre todo como producto cultural, es decir, como una de las expresiones de un contexto, de un área geográfica, de una corriente de pensamiento o de un análisis sociológico específicos. En los últimos años, a raíz del creciente interés por parte de los psicólogos y los neurocientíficos, el estudio de la música ha asumido unas características distintas. En primer lugar, ahora se la considera un proceso cognitivo de pleno derecho, o mejor dicho, un conjunto de procesos cognitivos complejos. En segundo lugar, durante los últimos veinte años hemos asistido a un gran desarrollo de los conocimientos relativos a la anatomía y el funcionamiento del cerebro, el campo de estudio habitualmente denominado «neurociencias cognitivas», y distintas investigaciones se han centrado en el estudio de las correlaciones anatómico-funcionales de la percepción y el procesamiento de los estímulos musicales. Esos datos empíricos han llevado a profundizar en el estudio de los trastornos cognitivos relacionados con la música, en la convicción de que dichos trastornos no solo reflejan una incapacidad musical genérica, sino que más bien son una potencial manifestación de un mal funcionamiento cerebral, más o menos específico para las funciones musicales. El estudio de los trastornos puede subdividirse en función de las características del déficit y de las causas que lo han determinado. Así pues, se habla de trastornos adquiridos, de trastornos congénitos y también de una peculiar población de individuos que poseen unas habilidades musicales muy superiores a la media. Estos individuos no tienen, en sentido estricto, un déficit; sin embargo, la presencia de una función en una medida claramente superior a la de la media es en cualquier caso un indicio de un funcionamiento cognitivo con algún tipo de alteración.

1.4.1. Los trastornos adquiridos

Los trastornos adquiridos tienen que ver con condiciones patológicas, ocurridas en el transcurso de la vida, que han determinado la presencia de un problema cognitivo específico a consecuencia de una lesión cerebral, ya sea debida a una enfermedad, a un traumatismo o a otras causas. El daño cerebral no siempre determina una condición de silencio cerebral (como por ejemplo algunas formas de coma); es más, en la mayoría de los casos podemos encontrar unos daños bastante limitados que, desde el punto de vista cognitivo, afectan únicamente a algunas facultades, dejando al mismo tiempo intactas muchas otras funciones. El estudio analítico de esas condiciones patológicas ha resultado ser de gran interés para toda la psicología y para comprender mejor el funcionamiento cognitivo; y, además, nuestros conocimientos sobre la asimilación musical en parte se derivan de consideraciones realizadas a través del estudio de ese tipo de situaciones.

El trastorno más conocido y característico de la asimilación musical consiste en la incapacidad de reconocer sonidos y melodías: la agnosia musical. Este trastorno está frecuentemente asociado a las lesiones de la corteza temporal de ambos hemisferios (Peretz, 1996). En términos generales, el concepto de agnosia se refiere a un trastorno en la capacidad de reconocimiento aunque el canal sensorial principal esté intacto. Por consiguiente, el problema no está relacionado con la percepción en sí, sino con el hecho de que el paciente ya no es capaz de reconocer los estímulos como sonidos y partes de una melodía.

Las primeras referencias a casos de agnosia musical fueron mencionadas por G. Bonvicini a principios del siglo pasado: se describe a pacientes que ya no eran capaces de identificar melodías previamente conocidas, mientras que la capacidad de procesar informaciones musicales permanecía intacta. Por absurdo que pueda parecer, algunos pacientes son capaces, por ejemplo, de detectar la existencia de una nota equivocada en una melodía, pero no de reconocer la melodía en sí. Así pues, los pacientes con agnosia musical ya no son capaces de reconocer melodías familiares, pero es importante subrayar que la facultad de reconocer los textos de esas mismas melodías permanece intacta. Por consiguiente, un músico con un diagnóstico de agnosia musical es capaz, paradójicamente, de leer la partitura y de tocar el instrumento musical, pero no puede reconocer la música que se produce. Por tanto, la agnosia musical es un trastorno muy selectivo en el que la capacidad de reconocer otros sonidos ambientales (como por ejemplo el ruido de un tren o el sonido de una puerta al cerrarse) también resulta ser normal.

Aquí únicamente hemos querido citar un ejemplo de trastorno cognitivo musical a raíz de un daño cerebral. Remitimos al lector al apartado 4.1 para una descripción más profunda de los posibles trastornos descritos por la neuropsicología y de su importancia para la comprensión del funcionamiento cerebral patológico y no patológico.

1.4.2. Los trastornos congénitos

Con la expresión «trastornos congénitos» nos referimos, en cambio, a un grado de incapacidad musical totalmente inesperado al afectar a personas con un nivel de funcionamiento intelectivo y socioemocional normal. En otras palabras, se trata de individuos con unas capacidades musicales claramente inferiores a las de la media, sin que sea posible identificar las causas de ese déficit. Hay individuos que no demuestran la mínima capacidad musical aun habiendo gozado de una exposición normal a los estímulos musicales. A menudo a ese tipo de individuos se les denomina *tone deaf* (con «sordera tonal»), aunque en la literatura generalmente se prefiere la expresión «amusia congénita» para reflejar mejor la multiplicidad de los trastornos que pueden estar asociados. Este trastorno está bastante generalizado, pues afecta aproximadamente al 1,5 por ciento de la población. Esos trastornos no son producto de una patología, y normalmente se diagnostican en una fase relativamente precoz del desarrollo del individuo, a menudo en la edad preescolar.

Uno de los test más sensibles para el diagnóstico de este trastorno consiste en la identificación de irregularidades en la altura de los sonidos en una melodía corriente. El test está formado por una serie de melodías familiares y no familiares: la mitad de las melodías se modifican mediante la introducción de un sonido que se aparta de la escala* original, y los sujetos tienen que determinar si las melodías contienen «notas equivocadas» o no. Los sujetos que padecen amusia no consiguen identificar las melodías erróneas, mientras que en el reconocimiento de los sonidos ambientales no se manifiesta ninguna diferencia entre el grupo de los que sufren el trastorno y el de los sujetos normales. Esas dificultades se califican de congénitas dado que están presentes desde el nacimiento, y a menudo tienen un carácter familiar (aproximadamente en el 50 por ciento de los casos).

Más exactamente, los sujetos con amusia congénita manifiestan dificultades para identificar las desviaciones de altura inferiores a dos semitonos. Ese umbral, demasiado elevado, impide la comprensión de la estructura musical tonal, pues los intervalos Do-Mi y Do-Fa se percibirán como semejantes. Un reciente meta-análisis ha revelado que el factor determinante del comportamiento, independientemente del uso de estímulos musicales o lingüísticos, es la amplitud del intervalo (Vuvan, Nunes-Silva y Peretz, 2015). Si bien en un principio se pensaba que los sujetos que padecen amusia no tenían ningún tipo de trastorno del lenguaje, estudios más recientes han revelado un ligero déficit en la percepción de la palabra, y más concretamente de la prosodia emocional, es decir, a la hora de saber valorar si una frase tiene una determinada connotación emocional (como, por ejemplo, una voz irritada o preocupada; Thompson, Marin y Stewart, 2012).

La investigación por neuroimagen ha revelado que, si bien el cerebro de las personas con amusia responde a los cambios de altura, eso no da lugar a una percepción consciente de dichos cambios por parte del individuo (Moreau, Jolicœur y Peretz, 2013). Además, la corteza auditiva primaria responde de una forma parecida a la de los sujetos normales. En cambio, la transmisión desde la corteza auditiva primaria hasta la corteza frontal inferior está alterada. Así pues, el estudio de la amusia muestra hasta qué punto una anomalía en la conexión entre dos sistemas íntegros puede dar lugar a un trastorno de percepción, producción y apreciación de la música: una visión, por consiguiente, básicamente dinámica y repartida del procesamiento de la información.

1.4.3. El talento musical y los *autistic savants*

Al igual que los trastornos de algunas capacidades relacionadas con la música permiten estudiar las características generales de la cognición musical, la presencia de unas capacidades de un nivel excepcional permite estudiar la estructura del sistema cognitivo. Normalmente ese tipo de sujetos se identifican ya desde la infancia. El estudio de los niños con grandes dotes musicales y de su desarrollo a lo largo de la vida del individuo ha demostrado que algunos de ellos llegan a ser efectivamente músicos apreciados (o incluso excepcionales, como en el caso de Mozart). Géza Révész (1925) nos brinda una descripción detallada y precisa de un caso de niño prodigio para la música. El investigador estudió a un niño húngaro llamado Ervin Nyiregyházi, que había recibido una formación musical completa y había estudiado con siete maestros distintos. Los datos recogidos muestran que, ya desde pequeño, el niño era capaz de superar a sus docentes a la hora de recordar una pieza musical tonal, y podía tocarla al piano después de escucharla tan solo una o dos veces.

Eso nos lleva directamente a una pregunta fascinante: ¿qué es el genio musical? Y, más en general, ¿el talento musical? ¿Existe el verdadero talento innato? Estos interrogantes, además de ser fascinantes, también son importantes desde un punto de vista educativo y social. En efecto, una teoría del aprendizaje basada en el talento innato es un concepto peligroso, dado que corre el riesgo de convertirse en una fuente de discriminación social. A saber: «si no tienes talento innato, olvídalo, no te hagas ilusiones de que vas a aprender, o peor todavía, ni siquiera vale la pena que lo intentes». En el extremo contrario, una teoría basada exclusivamente en los aspectos culturales y ambientales para explicar el aprendizaje corre el riesgo de estigmatizar a quienes «no lo consiguen» como estudiantes perezosos o con escasa «buena voluntad». Es decir: «si no lo consigues, es culpa tuya y de nadie más».

A ese respecto, el estudio de las capacidades musicales se convierte en un modelo particularmente interesante, dado que muchos músicos estaban dotados de talento innato, y aun hoy en día se les sigue describiendo así. Puede que a algunos lectores les sorprenda que no exista un consenso general sobre la realidad del talento musical. Si por un lado están las descripciones de los niños prodigio, por otro ese tipo de descripciones son casi siempre póstumas, y están sumamente condicionadas por el relato de los progenitores. Parece natural que los padres califiquen de genios a sus hijos. Sin embargo, los estudios que han verificado la precocidad de las capacidades musicales han revelado que, antes de poder llegar a un alto nivel de ejecución, hacen falta miles de horas de estudio. Por añadidura, el nivel de la ejecución tiene una fuerte correlación con el número de horas de estudio, en el sentido de que los niños tocan tanto mejor cuantas más horas practican. Asimismo, las biografías detalladas de los grandes talentos revelan que desde pequeños también ellos dedicaban un tiempo excepcional a tocar. El propio Yehudi Menuhin, en su autobiografía, afirma que al principio no le resultaba fácil tocar el violín. Simplemente le parecía la cosa más bonita del mundo. Así pues, pasamos del concepto de talento al de motivación. En otras palabras, si el niño pequeño está totalmente volcado en la música, su progreso será más rápido al menos por dos motivos: en efecto, por un lado se pasará más horas jugando con el instrumento, y por otro las que dedique a ello serán más intensas que las que podría dedicarle un niño al que el juego musical le resultase menos interesante; y por consiguiente el niño estará más concentrado, con mayor capacidad de memorizar, y obtendrá una mayor satisfacción. Visto así, se hace más difícil hablar exclusivamente de talento innato, dado que la motivación y el apego del niño al «objeto música» seguramente dependen en gran medida del papel del entorno que le rodea.

Un dato importante en defensa de la teoría «innatista» del talento musical proviene de la descripción de los *musical savants*. Esa definición alude generalmente a personas que, pese a no haber recibido ningún tipo de educación musical, e incluso presentando unos niveles intelectivos y socioemocionales bastante bajos, demostraban en cambio, desde niños, unas facultades musicales claramente superiores a la media. En general, con la expresión *autistic savant* se alude a sujetos con un bajo cociente intelectual, más frecuentemente varones, que han desarrollado unas capacidades extraordinarias en una determinada área cognitiva y llegan a un nivel excepcionalmente alto en comparación con el de la población general. En la mayoría de los casos, la descripción de esos individuos asume un carácter anecdótico, y tan solo en las últimas décadas se ha intentado dar un enfoque más sistemático al estudio de esas situaciones peculiares e interesantes también desde un punto de vista cognitivo. El razonamiento que sostiene la teoría innatista es el siguiente: si existen individuos con un grave retraso en todos los aspectos cognitivos, pero que tienen una única capacidad que no solo se conserva sino que además presenta un funcionamiento por encima de la norma, eso puede interpretarse como un indicio de la codificación genética de dicha capacidad.

Los casos de *musical savants* están presentes en la literatura psicológica desde hace no más de veinte años. Sloboda y sus colaboradores (Sloboda, Hermelin y O'Connor, 1985) realizaron un estudio detallado sobre un sujeto *savant* autista, llamado N. P., que tenía veinte años en el momento del estudio. N. P. era capaz de recordar piezas musicales enteras (que nunca había oído anteriormente) y de tocarlas al piano tras un intervalo de doce minutos desde la primera audición. Sin embargo, sus capacidades se limitaban exclusivamente a la música tonal, y no eran aplicables ni siquiera a una pieza atonal sencilla. Además, los errores que cometía en la ejecución de las piezas eran coherentes con las leyes de la estética musical occidental, lo que ponía de manifiesto la importancia de los conocimientos estructurales de la música para el desarrollo de las excepcionales facultades de N. P.

Además de observar directamente al joven, los autores del estudio también entrevistaron a las personas que lo conocían desde que nació. Sus familiares y amigos afirmaban que N. P. había sufrido un estado de considerable privación cultural/musical, que había gozado de escasísimas oportunidades de interactuar con instrumentos musicales y que no había tenido ningún incentivo para cantar o para dedicarse a la música. Se detectó por primera vez su capacidad para repetir piezas musicales cuando tenía aproximadamente 6 años. Uno de sus docentes había advertido que N. P. era capaz de reproducir al piano, de una forma totalmente espontánea, una canción que se había tocado unos minutos antes. Desde aquel momento se estimuló al niño para que profundizara en sus conocimientos musicales y se le alentó a que iniciara una formación musical, a pesar de que manifestaba una clara limitación en la comprensión del lenguaje. Así pues, las clases de música consistían principalmente en la repetición de piezas musicales que interpretaba una pianista; una grabación suya, realizada cuando tenía 8 años, demuestra una capacidad de memoria excepcional para un niño de esa edad. En el caso de N. P., el nivel de habilidad permaneció sustancialmente constante durante los años posteriores: a los 20 años sus capacidades musicales no habían variado de forma significativa.

Una comparación de las capacidades de N. P. con las de los sujetos normales (incluso de los que poseen una buena educación musical) de entre 6 y 7 años revela que N. P. poseía unas dotes extraordinarias y era capaz de crear una representación interna de la melodía de forma inmediata y sin errores. Su ejecución siempre se caracterizó por la ausencia de dudas y vacilaciones, con la ayuda probablemente también de su capacidad de oído absoluto. Los investigadores no lograron encontrar una explicación para el hecho de que N. P. hubiera logrado adquirir sus conocimientos sin haber tenido ninguna oportunidad de ejercicio musical antes de los 6 años. A la edad de 20 años, la comparación entre N. P. y los músicos normales de su misma edad asumió unas características distintas. Los resultados técnicos ya no eran excepcionales. El rendimiento seguía siendo superior a la media solo en su capacidad de rememorar secuencias musicales muy largas después de una sola audición.

Según Sloboda (2005), existen algunos factores que pueden estar relacionados con la adquisición de unas facultades excepcionales en los sujetos *savants*. El primer factor común parece ser un alto nivel de motivación interna, que permite que el individuo se dedique a una única actividad durante muchos años. El segundo factor tiene que ver con el entorno en el que se encuentra el sujeto. Desde el momento del descubrimiento de esas habilidades excepcionales, a menudo se pone a esos niños, que tienen graves déficits en los demás ámbitos intelectivos, en condiciones de ejercitarse regularmente en la actividad para la que están dotados. Además, a menudo se les garantiza el acceso a las estructuras que pueden aportarles una educación musical, así como la oportunidad de escuchar música regularmente. El tercer factor es el tiempo, es decir, poder disponer de una gran cantidad de tiempo que dedicar sin limitaciones a esa actividad. Cabe subrayar que a menudo es justamente la gran cantidad de tiempo libre de que disponen esos sujetos con un diagnóstico de retraso mental lo que les lleva al ejercicio continuo de un tipo de habilidad en particular, logrando de esa forma alcanzar unos resultados excepcionales. Así pues, eso quiere decir que, también en el caso de los niños *savants,* su talento parece desarrollarse gracias a una serie de circunstancias que van más allá de su patrimonio genético. Eso concuerda con los nuevos descubrimientos de la genética, que revelan que la expresión de un gen no es un fenómeno «blanco o negro», sino que depende del entorno. Así pues, el mismo gen se manifestará de una forma distinta dependiendo de si el ambiente presenta o no determinadas características. En cierto sentido, tanto Lamarck como Darwin tenían razón.

Resulta difícil concluir este análisis de forma tajante. Lo que está claro es que una teoría predominantemente genética del talento musical no parece tenerse en pie. Por lo demás, negar la importancia de un componente genético en cualquier actividad humana sería como creer en la historia de Adán y Eva. Así pues, los factores biológicos desempeñan un papel importante, mejor dicho importantísimo, pero no tienen ni la previsibilidad ni la especificidad asociadas al concepto de talento. Una vez descartadas esas dos propiedades nos quedamos más tranquilos respecto al empleo del término «talento», dado que pierde completamente el aspecto discriminatorio y selectivo que lo caracteriza, sobre todo en el mundo musical.

2. Modelos cognitivos de percepción y asimilación de la música

2.1. La ejecución instrumental

2.1.1. Llegar a ser un músico experto

El estudio de la percepción y de la asimilación musical revela que algunas capacidades musicales forman parte de una predisposición innata, tal y como hemos examinado anteriormente. Muchas investigaciones han explicado que incluso personas que nunca han estudiado un instrumento poseen unas capacidades musicales sumamente desarrolladas, exactamente de la misma forma que las personas que nunca fueron al colegio también saben hablar y comprender el lenguaje de una manera no demasiado diferente de alguien que tenga estudios universitarios. Pero entonces, ¿dónde está la diferencia? ¿Por qué algunos llegan a ser músicos expertos y otros se limitan a escuchar y a apreciar la música?

La respuesta está en el tipo de relación que se establece entre cada individuo y la música. Como hemos visto, el contacto con la música puede empezar mucho antes del nacimiento, probablemente desde la maduración del sistema auditivo del feto a partir del octavo mes de embarazo. Sin embargo, lo natural es que el contacto más completo y formativo con la música tenga lugar durante los primeros años de vida del niño. Incluso algunas experiencias que podrían parecer superficiales a primera vista –el canto y las nanas, involucrar a los niños en juegos musicales, alentarles a cantar y bailar en presencia de estímulos musicales– aparentemente tienden a facilitar el progreso hacia una educación musical (Sloboda y Howe, 1991). Esa facilitación se debe sobre todo al aumento del interés del niño por la música. Muchos progenitores consideran que las actividades de ese tipo son importantes oportunidades para el aprendizaje, y no es casual que la infancia del niño esté rodeada de juegos que pretenden aprovechar cada vez más otra de las características principales de escuchar música: el placer que produce.

A raíz de la asociación de la música con experiencias placenteras, los niños pueden buscar la estimulación y la actividad musicales y preferirlas frente a otras actividades. Sloboda (2005) considera que la particular preferencia de un recién nacido por los sonidos musicales no es innata sino que por el contrario se desarrolla a consecuencia de las experiencias positivas del bebé. Posteriormente esas experiencias influyen en los factores de tipo emocional y motivacional que son la base del deseo de disfrutar de una estimulación y, más tarde, una educación musicales.

En efecto, lo esencial para aprender a tocar un instrumento es una dimensión lúdica de la música, que puede ser transmitida por los progenitores pero que también puede ser un descubrimiento en años posteriores, a menudo durante la pubertad. Sin esa dimensión lúdica de la música es difícil que un individuo aprenda a tocar, dado que el ejercicio se convertiría rápidamente en algo aburrido y se abandonaría muy pronto.

El aprendizaje de un instrumento musical durante la pubertad o después es en cierto sentido un caso aparte, dado que el individuo ya tiene unos medios intelectivos para aprender como autodidacta. En cambio, el aprendizaje de un instrumento durante la infancia, además de la ya mencionada relación con un familiar próximo, requiere también un maestro cualificado. En el caso de la música, posteriormente la relación niño-maestro pasa a adquirir una gran importancia, dado que casi siempre el maestro es uno solo, y la clase casi siempre es individual. Así pues, la responsabilidad del maestro en la gestión de la relación es enorme, algo de lo que los docentes de música no siempre parecen ser conscientes.

Estas reflexiones nos llevan a añadir algún comentario sobre la situación en Italia. Pedimos disculpas al lector, pero no podemos evitar hacer una breve reflexión sociopedagógica al respecto. Italia es uno de los países del mundo con una de las tradiciones y culturas musicales más excepcionales. Hemos tenido a los mejores *luthiers* del mundo y a algunos de los compositores más famosos en el ámbito de la música de cámara y de la ópera. Aún hoy hay excelentes músicos y directores de orquesta italianos de fama internacional. Todo ello debería apuntar a la importancia de la formación musical en nuestros colegios y a la necesidad de garantizar un buen nivel de educación musical para todos y una amplia difusión de la música en nuestra sociedad. Y eso no está ocurriendo. Intentemos averiguar por qué.

En primer lugar, la enseñanza. La música casi nunca se considera una de las asignaturas importantes. A menudo en la enseñanza primaria las maestras y los maestros, que no poseen ni están obligados a poseer ningún tipo de preparación musical, se ven en la obligación de tener que enseñar música una hora a la semana sin saber en absoluto qué hacer. De hecho, esa hora tan valiosa a menudo se sacrifica en aras de otras asignaturas que se consideran más importantes. Además, sucede a menudo que los progenitores o el propio colegio paguen a docentes externos para que impartan unas cuantas clases adicionales al año.

En la enseñanza secundaria todavía sigue prevaleciendo el modelo de tocar *Frère Jacques* con la flauta dulce una hora a la semana durante ocho meses consecutivos. Se advierte un tenue indicio de esperanza en la existencia de ciclos de secundaria de orientación musical, donde cada alumno recibe aproximadamente dos horas semanales –una colectiva y una individual– de clase de música por la tarde, además de la clase matutina. Y posteriormente, en el bachillerato, lo mejor es abandonar completamente la música, una distracción demasiado peligrosa.

Así pues, la formación musical se deja en manos de la familia o se encomienda a los centros docentes especializados llamados conservatorios. Del conservatorio basta decir que su nombre es absolutamente acorde con su espíritu: una estructura arcaica, con unos docentes que solo desde hace pocos años han empezado a tener una mínima formación pedagógica; la mayoría de ellos aprendieron a tocar el instrumento siendo muy jóvenes y después se dedicaron a enseñar. Hasta hace unos años uno podía llegar a ser docente del conservatorio simplemente con el diploma de esta institución y el título de secundaria. Otra demostración de la idea de que, para enseñar violín, basta con saber tocar las obras de Paganini, y que para tocar basta con tener talento... Todo ello da lugar a un panorama sumamente heterogéneo, donde algunos músicos descubren que tienen talento para enseñar, y otros que por el contrario siguen siendo buenos músicos pero pésimos maestros (damos las gracias a Alessandro Gasparini por su informe actualizado sobre la situación en Italia).

2.1.2. Práctica y motivación

La música no admite excepciones al principio de que «el ejercicio lleva al perfeccionamiento». Un estudio de Ericsson y sus colaboradores (Ericsson, Krampe y Tesch-Romer, 1993) demostró que los estudiantes de violín a los que sus profesores consideraban músicos excelentes habían acumulado, hasta la edad de 21 años, aproximadamente el doble de horas de ejercicio (aproximadamente 10.000 horas) que los músicos de nivel medio (aproximadamente 5.000 horas).

En un estudio con 24 pianistas profesionales, Sosniak (1985) descubrió que ninguno de ellos había manifestado indicios de una habilidad excepcional al comienzo de su formación musical. Su excepcionalidad se fue gestando poco a poco, durante los años de estudios oficiales. Si bien, en efecto, la precocidad del estímulo musical es con seguridad un buen precursor de la habilidad futura, el dominio sumamente precoz de la técnica no está necesariamente asociado al mantenimiento de un nivel de excelencia en la formación futura.

Sloboda (1985) amplió esa observación a través del estudio de jóvenes músicos con distintas especializaciones. Los datos recogidos demostraban que la naturaleza de la mejora progresiva de la competencia musical, medida con unas escalas objetivas, estaba básicamente en función del número de horas que cada uno de ellos había dedicado a practicar. La diferencia entre las horas de práctica de los distintos estudiantes puede ser incluso muy acusada, con el correspondiente efecto en los resultados obtenidos. Se ha observado que a la edad de 12 años algunos niños pueden dedicar cada día hasta 120 minutos a practicar, mientras que otros lo dejan al cabo de no más de 15 minutos. No es de extrañar que el rendimiento de los dos grupos sea distinto, ya que hay una relación de 8 a 1 en el tiempo que se dedica a tocar.

Por consiguiente, estos datos desmienten la tesis que afirma que el denominado talento musical podría derivar en unas capacidades musicales excelentes sin esfuerzo. El talento, sea lo que sea, seguramente resulta útil, pero ¡sin esfuerzo ni ejercicio no se llega muy lejos! Dedicar 10.000 horas a ejercitarse no es fácil para una persona en fase de crecimiento. Para dar una idea de la carga de trabajo que supone, es preciso acumular dos horas de práctica diaria durante catorce años. El joven músico empieza, a la edad de 6 o 7 años, con entre 15 y 30 minutos diarios, para luego ir incrementando la duración del ejercicio hasta llegar a entre 4 y 6 horas diarias hacia los 20 años. Es fácil entender que a un niño le resulte prácticamente imposible mantener esos ritmos de ejercicio sin el apoyo activo (y la supervisión) de sus progenitores, y que es necesario mantener un nivel de motivación sumamente elevado para proseguir con el aprendizaje durante la adolescencia.

Así pues, la relación con los adultos, ya sean los progenitores o los maestros, es crucial para predecir la implicación a largo plazo del niño en la formación musical de alto nivel. Por tanto, un planteamiento de apoyo afectuoso y positivo pasa a ser una característica importante, mientras que un enfoque demasiado crítico y orientado al éxito se nos antoja menos apropiado, sobre todo en las fases iniciales del aprendizaje. Por otra parte, estas consideraciones son de sentido común, y deberían aplicarse a todos los ámbitos formativos.

Sloboda (2005) sugería que también para el contexto musical pueden tenerse en cuenta factores motivacionales internos y externos para mantener la implicación musical del estudiante. El primer tipo de motivación, la motivación interna, se desarrolla a través de las experiencias placenteras con la música (principalmente de naturaleza estética o emocional) y produce una implicación personal profunda. El otro tipo de motivación es de carácter externo y está vinculado al éxito. La tensión, en este caso, no se pone en la música de por sí, sino en la consecución de unos objetivos externos sumamente deseables (por ejemplo, la aprobación de los progenitores, la identificación con un modelo, el primer puesto en una competición). Los estudios sobre cómo los factores motivacionales internos y externos consiguen influir en el redimiento de un individuo son numerosos, y no es cuestión de abordarlos en este libro. Tan solo es importante subrayar que el énfasis en las motivaciones externas hacia el éxito puede inhibir las componentes internas, y al mismo tiempo transformar la música en una fuente de ansiedad, reduciendo los aspectos de placer personal.

Independientemente de estos factores motivacionales, no hay que olvidar que no es posible clasificar la formación musical únicamente en función de la cantidad de tiempo que un estudiante dedica a practicar con un determinado instrumento. Junto a la cantidad, obviamente es importante la calidad del ejercicio realizado, y por consiguiente los contenidos y las estrategias utilizadas. En particular, es importante gestionar bien el paso de una práctica inicial, basada sobre todo en la mejora técnica vinculada al instrumento, a una mejora posterior centrada en el análisis de los aspectos estructurales más complejos de la música, y sobre todo en la comunicación de emociones.

2.1.3. Ejecución e interpretación

Tocar bien o mal un instrumento es el fruto de innumerables competencias, y solo algunas de ellas pueden calificarse de específicamente musicales. En cambio, otras competencias pueden considerarse habilidades técnicas, por ejemplo el control de la ejecución de los movimientos de los dedos. Esas habilidades requieren una práctica y un ejercicio constantes, y la pericia musical con un instrumento específico no es ni mucho menos producto de una habilidad innata. No cabe duda de que algunos de nosotros podemos estar más o menos predispuestos a un mayor control motor, lo que a su vez lógicamente está relacionado con la posibilidad de llegar a ser, por ejemplo, un buen violinista.

Al mismo tiempo, la simple predisposición motriz no permite llegar a ser un buen músico: en primer lugar harán falta horas y horas de ejercicio, y en segundo lugar no podemos obviar que el estudio de una forma puramente técnica de la música no conduce necesariamente a apreciar una pieza musical, como tampoco a ser un buen instrumentista. Saber leer y escribir deprisa y sin errores desde luego no nos lleva a ser buenos actores o escritores. Se trata de prerrequisitos necesarios, pero nada más.

La ejecución técnicamente perfecta corresponde con una ejecución generada de una forma mecánica, y los oyentes suelen considerarla poco interesante. Los factores que contribuyen a que una interpretación mecánica se convierta en una interpretación musicalmente interesante son las pequeñas fluctuaciones de dinámica, es decir, de tiempo/duración, de intensidad y de timbre, que, en conjunto, hacen que una ejecución sea más o menos expresiva.

Lo interesante es que ese tipo de fluctuaciones tienen un componente que es común a todos los músicos y otro que permite distinguir a uno de otro. Por ejemplo, si se les pide a unos músicos con distintos niveles de pericia que ejecuten una misma pieza, se observa que todos tienen tendencia a ralentizar en la frontera de las frases musicales, aunque en la partitura no figure ese *rallentando*. Además, el tipo de modificaciones del tempo a menudo indica la jerarquía de la frase, con una intensidad del *rallentando* en una frontera entre frases que está en función de la profundidad de la frase en la estructura de la pieza. Además, todos los pianistas tenderán a anticipar las notas de la melodía (voz principal) respecto a las notas del acompañamiento, aunque estén escritas como notas simultáneas. Análogamente, los músicos de un *ensemble* que tocan la melodía principal tienden a anticiparse entre 30 y 50 ms a las demás voces del acompañamiento. Esa asincronía controlada permite hacer aflorar la melodía de entre el flujo sonoro complejo. Estos fenómenos, y otros relacionados con las fluctuaciones expresivas, se explican por el hecho de que una de las funciones de la interpretación es destacar el contenido de una determinada estructura musical. En el lenguaje, la prosodia tiene una función análoga, y aquí un ejemplo lingüístico puede ayudar al lector no entendido en música a comprender de qué estamos hablando. Lea en voz alta la frase: «He sacado un sobresaliente en historia». Ahora piense que tiene que contestar a la pregunta: «¿Has sacado un sobresaliente en historia o en filosofía?». Repita la frase anterior como respuesta. Ahora piense que tiene que contestar a otra pregunta: «¿Has sacado un sobresaliente o un suspenso en historia?». Verá que, dependiendo de cada caso, usted pondrá un determinado énfasis, que también conlleva una prolongación de la sílaba acentuada, en la /e/ de sobresaliente o en la /o/ de historia. Ese acento focal sirve para destacar la palabra clave en una frase. Análogamente, los acentos, las prolongaciones o las pequeñas pausas dentro de una pieza sirven para destacar su contenido. Algunos estudios incluso han llegado a demostrar que los músicos no son capaces de tocar de forma mecánica. En efecto, aunque se les pida que ejecuten la pieza conforme al metrónomo, de todas formas los músicos tenderán a reproducir las mismas fluctuaciones de su ejecución natural, aunque reducidas en el aspecto cuantitativo. Por el contrario, si se les pide una ejecución exageradamente expresiva, los músicos darán un mayor énfasis a las mismas fluctuaciones de su ejecución natural. La ejecución de una pieza musical está fuertemente influida por la memoria musical, que no coincide con la memorización de una partitura sino que también implica el gesto y la temporalidad. No es casual que un músico sea capaz de tocar la misma pieza varias veces, separadas por un gran intervalo de tiempo, de una forma enormemente parecida. Nos parece una línea de investigación interesante la que tiene que ver con la capacidad de sincronización con otro músico, una característica esencial para una buena ejecución. El estudio de la capacidad de sincronización con músicas pregrabadas ha revelado que la ejecución más sincrónica se produce con una grabación del propio músico, una prueba más de la sutileza de la representación en la memoria de las distintas pautas temporales. Otros estudios análogos también han demostrado que dos músicos logran sincronizarse mejor en comparación con un músico y una grabación, lo que viene a demostrar el aspecto dinámico de la sincronización musical (es decir, «yo voy a tu encuentro y tú te acercas a mí»). Y para concluir este breve paréntesis sobre la sincronización, también hay otros aspectos, como el ritmo interno preferido, que desempeñan un papel importante en la sincronización de varios músicos. Cuanto más parecido sea el ritmo interno de dos músicos (medido a través de un ejercicio de *tapping ad libitum),* mejor conseguirán tocar juntos (Zamm, Wellman y Palmer, 2016) y más positiva será la opinión que tendrán unos de otros. Así que ¡cuidado a la hora de elegir vuestro compañero musical! Otra función de la interpretación es destacar el contenido emocional de la música. También en este caso se observan modificaciones expresivas similares entre distintos músicos e instrumentos cuando se trata de expresar una misma emoción (cfr. capítulo 3).

Así pues, si por un lado la estructura de una pieza influye sensiblemente en los músicos, en cualquier caso existen diferencias individuales que pueden ser más o menos marcadas. El uso de ese tipo de fluctuaciones expresivas es mayor en los músicos expertos en comparación con los noveles, aumenta durante el estudio de una pieza por parte de un mismo músico y varía también entre las ejecuciones de dos profesionales distintos (Palmer, 1989). Esas diferencias permiten distinguir a los músicos y, en cierta medida, también definen su calidad. Basta con pensar en el color de la voz de Billie Holiday o en la entonación expresiva de Pau Casals y en su claridad en el fraseo de Bach, o en la forma en que Arthur Rubinstein ralentiza y reanuda el tempo cuando toca una obra de Chopin.

Todos esos indicios prosódicos son de suma importancia en un ámbito como la música, rico en ambigüedades estructurales y emocionales. Meyer (1956) plantea que las expectativas del oyente, basadas en la estructura jerárquica de la música, son esenciales para una reacción emocional. La música crea unas expectativas que llevan al oyente a percibir tensiones y resoluciones. Cuanto mejor pueda percibir el oyente la estructura de una pieza, tanto más precisas serán las expectativas y mayores las emociones. Por consiguiente, podríamos considerar la ejecución musical como parte de un sistema comunicativo en el que el compositor codifica las ideas musicales de una forma notacional empobrecida, el ejecutante las recodifica, transformando la notación en sonido, y el oyente recodifica la señal acústica en pensamiento abstracto.

2.1.4. Pericia y ejercicio

Evaluar la pericia específica de un individuo en realidad supone analizar lo que ha cambiado en el funcionamiento cognitivo de un sujeto a consecuencia de una práctica anterior, habitualmente larga e intensa. Del mismo modo, eso significa intentar identificar las componentes cualitativas y cuantitativas que caracterizan una competencia en un ámbito específico del conocimiento. Eso no significa que la comparación entre músicos expertos e inexpertos pueda realmente contemplar un examen analítico de todas las diferencias, biológicas o ambientales, que han provocado la disparidad de competencias; sin embargo, sí es posible identificar algunas estrategias y procesos cognitivos particulares que se aplican a consecuencia de una mayor o menor práctica específica e intentar traducir esos datos en principios del funcionamiento cognitivo más en general.

Las primeras investigaciones sobre la pericia (o *expertise)* se centraban en las diferencias en la capacidad de memoria. Los estudios con jugadores de ajedrez revelaron que los jugadores expertos son capaces de recordar la imagen de un tablero y de prever los movimientos siguientes con mucha más facilidad que los no expertos. Además, la capacidad demostrada por esos sujetos era de alguna forma «específica de su ámbito», en el sentido de que no estaba asociada a un aumento generalizado de la capacidad de recordar. La ventaja de los expertos desaparece también en el momento en que las piezas de ajedrez se colocan de una forma aleatoria e inverosímil respecto a las reglas del juego. Por consiguiente, la ventaja es una consecuencia de la capacidad de asociar con el tablero esquemas del pasado, conocimientos personales y otros factores que facilitan la memorización. Si impedimos el empleo de los esquemas personales, como en el caso de los tableros «absurdos», también desaparece la ventaja, lo que indica claramente que no hay diferencias en una capacidad de memoria genérica e indiferenciada (Chase y Simon, 1973). El principio cognitivo que está en la raíz de ese efecto es el agrupamiento *(chunking):* los expertos son capaces de codificar con mayor facilidad la información basándose en configuraciones predefinidas, y eso determina a todos los efectos una reducción de la información a memorizar y, por consiguiente, la mejora del rendimiento. La acumulación de experiencia en un dominio específico posibilita la organización de las informaciones bajo la forma de configuraciones complejas organizadas jerárquicamente, aprovechando al máximo las capacidades de memoria.

Por consiguiente, podemos definir la experiencia como el proceso cognitivo por el que se constituye el conocimiento. Sobre la base de esas observaciones también ha sido fácil llegar a la conclusión de que el mejor rendimiento de los expertos está vinculado al ejercicio y no a un factor general de desarrollo (Chi, 1978).

En el ámbito musical, los investigadores han centrado su atención en la lectura de la música para estudiar la adquisición de la competencia musical. También en este ámbito se ha confirmado la hipótesis del agrupamiento: Bean (1938) descubrió que, al mostrar durante unos breves instantes la partitura de una secuencia musical, los músicos profesionales eran capaces de repetir cinco notas, mientras que los músicos no profesionales podían repetir dos o tres notas y los principiantes tan solo lograban repetir una o dos.

Bean también sugería que esas diferencias podrían estar relacionadas con el estilo perceptivo de los sujetos. Es decir, el proceso de agrupamiento podría producirse ya en la fase de percepción de los estímulos. Los músicos profesionales tendían a leer creando configuraciones musicales más complejas, mientras que los principiantes leían la música de una forma analítica, nota a nota. En esa misma época, Weaver (1943) demostró que los músicos profesionales conseguían identificar hasta cinco notas tras una sola y breve presentación. Eso indica que los profesionales son capaces de procesar grupos de notas en vez de unidades individuales. También Wolf, en 1976, a través de una serie de entrevistas a músicos profesionales, relacionó la capacidad de lectura a primera vista con la facultad de reconocer y organizar la música en configuraciones familiares. Por el contrario, los músicos que utilizaban una estrategia analítica tenían una escasa capacidad de lectura a primera vista, incluso en los casos en que su capacidad de memoria era mayor que la de los músicos más expertos en la lectura.

Gruson (1988) estudió los procesos cognitivos vinculados a la adquisición de las competencias musicales a través de la observación de las fases de ejercicio de estudiantes de piano de distintos niveles. El estudio se centraba en las estrategias de ejercicio y su variación en función del aumento de la experiencia. Los resultados revelaban que el aumento de la experiencia y de las competencias musicales modifica de un modo sustancial el comportamiento de los sujetos en los ejercicios al piano. El desarrollo de las competencias musicales lleva a un aumento del número de repeticiones, al empleo de estrategias de verbalización, a la independencia entre las dos manos y a la capacidad de proseguir con el ejercicio durante periodos más largos. Los sujetos más expertos son capaces de representar mentalmente su propio comportamiento durante el ejercicio de una forma más variada y compleja. En otras palabras, una determinada pieza se asocia simultáneamente tanto con la secuencia de movimientos necesarios para ejecutarla como con aspectos particulares de la partitura o las variaciones de tempo y de dinámica que se han identificado en toda la pieza. Esos cambios modifican notablemente la capacidad de interpretar una pieza, dando origen a las fluctuaciones que hemos mencionado anteriormente. En general, estos estudios indican que, con el aumento del nivel de pericia, el pianista es capaz de aplicar y de variar una gran cantidad de estrategias, que van haciéndose cada vez más complejas, abstractas y flexibles.

La lectura musical puede verse como un continuo paso de un proceso controlado a uno automático, en el que las unidades de información musical *(chunks)* aumentan progresivamente. Al principio el estudiante se centra en la asociación de las notas individuales escritas en la partitura con la posición de la mano sobre el instrumento, a través de un proceso controlado. Con la práctica, las asociaciones entre las notas y la mano se automatizan, y la atención puede centrarse en pautas musicales más complejas, como los acordes, los compases y por último las frases musicales. De esa forma, es posible ejecutar de forma automática las unidades más complejas con una sola mirada a la partitura.

También en lo referente a la corrección de los errores se advierten diferencias en función del nivel de experiencia. El principiante tiende a percibir una pieza como una serie de notas independientes y no estructuradas entre sí: cuando comete un error, tiende a repetir la nota individual o el compás donde está el error. Por el contrario, el músico experto aborda la pieza musical de arriba abajo a través de una descomposición en configuraciones organizadas de forma jerárquica, con secciones independientes pero relacionadas entre sí. Para corregir un error, el músico repetirá toda la unidad estructural, o toda una sección, en vez de un elemento aislado, como una nota.

2.2. La música y las capacidades no musicales

¿La música nos hace más inteligentes? Puede que algún lector haya oído decir algo al respecto. En general, a la gente le gustan las soluciones fáciles para los problemas difíciles. Por desgracia, a menudo ese tipo de soluciones demuestran ser ineficaces. En Estados Unidos, la idea de que escuchar música clásica puede hacer más inteligentes a las personas tuvo un éxito enorme, y algunos estados (como Tennessee y Georgia) tienen un programa especial para los recién nacidos, que reciben como regalo un CD con música de Mozart. En pocas palabras, el «efecto Mozart» (así lo llaman) tuvo un éxito extraordinario y se convirtió en una auténtica fuente de negocios (nuevas terapias, ventas de CD, juegos, libros, etc.). Después el fenómeno se extendió y llegó también a Italia, donde ahora se proponen terapias fantasiosas con explicaciones pseudocientíficas. Antes de describir con detalle el efecto Mozart, es preciso hacer algunas reflexiones en términos más generales.

¿En qué casos un beneficio intelectivo producido por una exposición pasiva a la música reviste interés? Ante todo, ese beneficio tiene que extenderse a las habilidades no musicales. En segundo lugar, el beneficio debe ser sistemático y creíble. Y por último tiene que haber una teoría sólida y transparente que permita explicar el fenómeno. Esos criterios van más allá del efecto de la música. Son criterios de tipo metodológico y se aplican siempre que nos interesamos por los posibles beneficios genéricos de una actividad.

Retomemos el último punto, la importancia de contar con una teoría explicativa. Si por ejemplo tuviéramos que demostrar que escuchar música ayuda a resolver más deprisa un problema de matemáticas, deberíamos ser capaces de responder a la pregunta: ¿qué hemos aprendido? ¿Qué tiene la música para que facilite la solución del problema de matemáticas? Si no somos capaces de responder a esta pregunta, el juego de la ciencia se vuelve repentinamente poco interesante y poco creíble.

Vamos a exponer la problemática subdividiendo el fenómeno en subcategorías. En primer lugar nos ocuparemos de un posible efecto de la escucha pasiva; después nos interesaremos por el posible efecto de la práctica musical. Otro criterio importante será la distinción entre efectos temporales a corto plazo y efectos persistentes a largo plazo. Desde un punto de vista psicológico y neurofisiológico, esta distinción es muy importante. En efecto, dependiendo de si un posible efecto de la música dura 1 segundo (por ejemplo, tras escuchar un sonido), 10 minutos (por ejemplo, tras escuchar una pieza) o es estable (por ejemplo, tras diez años de práctica habitual), dicho efecto refleja unos fenómenos muy diferentes.

2.2.1. Efectos de la escucha: ¿existe el efecto Mozart?

El gran interés por los posibles beneficios de escuchar música surgió a raíz de la publicación de un estudio que revelaba habilidades visoespaciales superiores en el caso de los participantes que habían escuchado una sonata de Mozart antes de los test respecto a un grupo que había esperado en silencio o escuchado instrucciones para la relajación (Rauscher, Shaw y Ky, 1993). A pesar de que el efecto era de una duración muy limitada (entre 10 y 15 minutos), de que se circunscribía a un número muy reducido de «test de inteligencia» y de que el estudio se había realizado con jóvenes estudiantes universitarios, aquellos resultados engendraron el efecto Mozart y el éxito que mencionábamos más arriba.

Unos años después, intrigados por su éxito comercial, algunos investigadores empezaron a realizar estudios para comprender mejor el efecto Mozart y para darle una explicación plausible. En efecto, la explicación que se dio en un primer momento se basaba en un modelo neurofisiológico muy nebuloso (Leng y Shaw, 1991). Nantais y Schellenberg (1999) replicaron el estudio inicial añadiendo otros dos grupos experimentales: un grupo que escuchaba música de Schubert y un grupo que escuchaba un relato. En comparación con el grupo que esperaba en silencio, los dos grupos que escuchaban a Mozart o a Schubert manifestaron un mejor rendimiento en las tareas visoespaciales (¿«efecto Schubert»?). Lo interesante es que no registraron ninguna diferencia entre los grupos que escuchaban música y el que escuchaba el relato. Además, encontraron una interacción entre rendimiento y preferencias. Es decir, los sujetos que preferían a Mozart tenían un mejor rendimiento después de escuchar a Mozart, mientras que quienes preferían el cuento tenían un mejor rendimiento después de oír el relato («efecto Stephen King»). En un meta-análisis de veinte estudios sobre el efecto Mozart (titulado «¿Preludio o réquiem para el efecto Mozart?»), Chabris (1999) demostraba que el efecto era visible exclusivamente en una tarea visoespacial, que no era significativo y que era menor que la variación media entre individuos en los test de inteligencia. El hecho de que el efecto fuera sensible a la preferencia llevó a Schellenberg a formular la hipótesis de que el efecto Mozart no era más que un efecto vinculado al estado de ánimo y a un estado general de activación. En efecto, si lo pensamos un momento, el hecho de esperar en silencio durante 15 minutos antes de realizar los test de inteligencia no es precisamente una fuente excepcional de motivación. Schellenberg también demostró que si se modificaba el aspecto emocional y activador de la música de Mozart, por ejemplo tocándola más despacio o en modo menor, también variaba el efecto Mozart. Además, un grupo de niños de 11 años tuvo un rendimiento mejor después de escuchar a un grupo de música pop, y otro de niños de 5 años, tras escuchar canciones infantiles, y no a Mozart. En otras palabras, escuchar música puede incrementar el rendimiento en una serie de tareas cognitivas, pero ese efecto es una consecuencia del estado de activación *(arousal)* y del estado de ánimo. Por tanto, escuchar a Mozart no tiene una consecuencia única y especial para las habilidades visoespaciales. En cambio, la música tiene la capacidad de modificar el estado de ánimo y el estado de activación, y eso influye en el rendimiento en tareas cognitivas, y no solo en las competencias visoespaciales.

2.2.2. Las clases de música

Cuando nos preguntamos por los posibles efectos de las clases de música en ámbitos no musicales nos encontramos con un notable número de investigaciones que revelan unas ventajas generalizadas, y que en último término apuntarían a la importancia de fomentar una educación musical. Por desgracia, la práctica totalidad de esos estudios presenta problemas metodológicos en materia de tareas de control (por ejemplo, niños que estudian música frente a niños que no tienen actividades extraescolares) o de comparabilidad de los grupos experimentales (por ejemplo, el grupo que estudia música ha tenido también más horas de escolarización). Para una descripción detallada de estos estudios y de los problemas experimentales que limitan sus posibilidades de interpretación, remitimos al lector al capítulo de Schellenberg incluido en el libro *The Cognitive Neurosciences of Music* (Schellenberg, 2003).

Algunos estudios han abordado las posibles correlaciones entre habilidad musical y otros tipos de habilidades no musicales. Las correlaciones positivas que encontramos en dichos estudios implican que la mejora de la habilidad musical, a través de clases formales de música, va acompañada de beneficios no musicales. Sin embargo, en esa tipología de estudios no es posible controlar si la correlación está a su vez vinculada a una tercera variable desconocida. Lynn, Wilson y Gault (1989) demostraron que, en un grupo de niños de 10 años, distintos indicadores de habilidad musical tienen una correlación positiva con las pruebas que generalmente se utilizan para medir la inteligencia. Eso sugiere que la habilidad musical depende de un nivel genérico de inteligencia, pero no explica la causa de dichas correlaciones. Otros estudios han revelado correlaciones más específicas. Por ejemplo, la capacidad de lectura y la conciencia fonémica parecen estar asociadas positivamente con la capacidad de discriminación de la altura, pero no con la capacidad de discriminación del timbre (Lamb y Gregory, 1993).

En un estudio reciente, Swaminathan, Schellenberg y Khalil (2017) estudiaban el vínculo entre inteligencia y pericia musical, preguntándose si dicho vínculo se debía a la formación musical o más bien a las aptitudes musicales. Utilizando técnicas avanzadas de análisis estadístico se dieron cuenta de que la correlación entre formación musical e inteligencia desaparece cuando se descarta el factor de aptitud para la música. En cambio, la correlación entre aptitud musical e inteligencia sigue siendo acusada incluso después de descartar el factor de la formación musical. Eso significa que la correlación entre formación musical e inteligencia podría obedecer sencillamente a que los individuos con un elevado cociente intelectual tenderán más fácilmente a tener aptitudes para la música y a cursar estudios de música.

Una vez más, el grupo de Schellenberg (Corrigall, Schellenberg y Misura, 2013) demostró que la práctica musical es un buen predictor de los resultados académicos, aun descartando el cociente intelectual. En otras palabras, los niños que tocan son particularmente buenos estudiantes, y eso va más allá de su cociente intelectual y podría estar relacionado más bien con un alto nivel de curiosidad, motivación, concentración, etcétera. Esos rasgos de la personalidad podrían influir en su buen desempeño en los estudios, en su éxito en tareas cognitivas y en la probabilidad de que el niño siga o no practicando música. Otros estudios han revelado que también los rasgos de la personalidad, y de modo particular una buena predisposición a la experiencia *(openness to experience)*, son un buen predictor de la implicación del sujeto en una práctica musical.

Los estudios que han utilizado la comparación entre dos o más grupos experimentales permiten ir un poco más allá de la simple correlación, pero solo a condición de que los grupos sean idénticos en todos los aspectos salvo en uno, de forma que se puedan interpretar las posibles diferencias. Y eso no resulta nada fácil. Distintos estudios han utilizado grupos de control que no tenían actividades extraescolares. En este caso es posible que los efectos mostrados obedezcan a una estimulación intelectiva de tipo genérico (más horas de clase) presente en la actividad musical y ausente en el grupo de control (que tal vez se queda en casa viendo la televisión). En otros estudios los grupos no se testaban antes de empezar a recibir clases de música, y en este caso existe la posibilidad de que los grupos fueran distintos ya antes de empezar. Por ejemplo, es posible que los niños que optan por asistir a clases extra de música estén más motivados y sean más curiosos de partida. En cualquier caso, por mucho que los problemas metodológicos imposibiliten una interpretación clara de los datos, distintos estudios apuntan a un efecto positivo de las clases de música en ámbitos no musicales, desde la memoria verbal (Chan, Ho y Cheung, 1998) hasta las capacidades matemáticas y la lectura (Hurwitz *et al.*, 1975; Neufeld, 1986).

El único estudio en este ámbito que es digno de consideración por el rigor con el que se realizaron las investigaciones es el de Schellenberg (2004). En dicho estudio se planteó una serie de test de inteligencia a 144 niños de 6 años que posteriormente, y a lo largo de 36 meses, recibieron clases de piano, de canto o de teatro, o bien no realizaron ningún tipo de actividad extraescolar. Al final de ese periodo se les volvió a someter al mismo test. Obviamente todos los grupos obtuvieron mejores resultados, ya que entretanto los niños habían madurado. Sin embargo, los dos grupos que habían recibido clases de música mostraron un mayor progreso que los otros dos grupos. Hay distintas explicaciones posibles. La más sencilla es que las actividades musicales, al ser más parecidas a las actividades escolares que el teatro, podrían favorecer a los niños en los «test de inteligencia», que son test escolares. Otra posibilidad es que las clases de música desarrollen un determinado número de habilidades, como la atención selectiva, la concentración, la memorización, etcétera. Una tercera posibilidad es que la música podría fomentar un desarrollo intelectivo gracias a su carácter abstracto. Aprender a pensar de forma abstracta, trabajando sobre las formas y estructuras musicales, podría facilitar el desarrollo intelectivo de una forma genérica.

En resumen, ¿la música nos hace más inteligentes? En conjunto la respuesta es afirmativa. La escucha y la práctica de la música pueden producir, respectivamente, beneficios a corto y a largo plazo. Los beneficios a corto plazo tienen que ver con la capacidad de la música de modificar el estado de atención y de motivación, al igual que escuchar un relato interesante o ver una buena película. Los mecanismos subyacentes a los beneficios intelectivos de las clases de música no están tan claros, y requieren ulteriores investigaciones antes de poder concluir que la música tiene algo especial. Sin duda el hecho de realizar actividades extracurriculares contribuye al desarrollo intelectivo. La música es a todas luces una actividad lúdica, que exige el desarrollo de distintas habilidades (atención, concentración, sincronización, motricidad, lectura de las notas) y que además estimula la interacción con otras personas en el respeto de cierto número de reglas abstractas (seguir el tempo, acompañar, tocar un solo, etcétera).

No obstante, escuchar y practicar música no son una solución rápida y fácil al problema y a la definición compleja de la inteligencia. Si bien los efectos de la escucha son indudablemente muy limitados, y desaparecen al cabo de unos minutos, sí parece que la práctica musical tiene efectos en distintas competencias cognitivas. Pero lo cierto es que actualmente afirmar que la música nos hace más inteligentes parece precipitado.

2.3. Práctica musical y plasticidad cerebral

2.3.1. La plasticidad cerebral

Durante mucho tiempo se sostuvo que el cerebro está definido genéticamente y que tras el nacimiento los cambios posibles son escasísimos o incluso inexistentes. Nuestra cultura está impregnada hasta la médula de ese concepto, y la música no es una excepción. Basta con pensar en la idea generalizada de que es imposible aprender a tocar un instrumento musical si uno no empieza a ejercitarse desde pequeño. Además, a menudo se lleva aún más allá ese concepto al afirmar que, si ya desde pequeños no se nos da bien determinada actividad (la música, las matemáticas, la escritura o cualquier otra), no hay ninguna esperanza de que se nos dé bien de mayores. Hoy podemos afirmar con cierta seguridad que eso no es cierto. Basta con mirar a nuestro alrededor. Hay innumerables ejemplos de personajes famosos que iniciaron tarde su profesión (incluidos muchos músicos), y también hay ejemplos de niños que no eran especialmente dotados y que después llegaron a ser mundialmente famosos. Hay incluso algunas culturas (por ejemplo determinados gitanos de Rumanía) en las que a los niños se les prohíbe tocar un instrumento musical hasta la adolescencia, lo que no impide que después lleguen a ser excelentes músicos. ¿Cómo es posible todo esto?

La explicación que dan las neurociencias es que el cerebro goza de una notable plasticidad. El término «plasticidad» no tiene nada que ver con el plástico como material. Significa más bien que, al igual que en las artes plásticas se moldea y se modifica la materia, hoy en día se considera que el cerebro es una estructura que puede modificarse a lo largo del tiempo. Eso no significa negar la existencia de una predisposición genética, que en ocasiones es la única explicación de los fenómenos de genialidad como el de Mozart. En efecto, al nacer existen unas conexiones neuronales que están genéticamente predeterminadas. Dichas conexiones parecen ser particularmente plásticas en las primeras fases del desarrollo infantil, pero también pueden modificarse sustancialmente durante la edad adulta a través de la experiencia. Podemos imaginar dos tipologías de modificación cerebral:

1) una determinada población de neuronas especialmente estimuladas, por ejemplo por la práctica musical, recluta a las neuronas adyacentes para que echen una mano; 2) otra población de neuronas particularmente estimuladas se reorganiza para ser más eficiente. De esa manera, tenemos dos tipologías de modificaciones cerebrales, que en el lenguaje de las neurociencias denominaremos respectivamente estructural (o morfológica) y funcional.

¿Cómo estudiar la plasticidad cerebral humana? Existen por lo menos tres grandes enfoques distintos. En el primero se estudia el desarrollo del niño y se hace un seguimiento de los cambios cerebrales vinculados con la edad y con la experiencia (enfoque evolutivo). En el segundo se compara el funcionamiento cerebral de dos poblaciones que sean distintas en un aspecto, por ejemplo los músicos y los no músicos. En el tercero se estudia cómo se reorganiza el cerebro a raíz de un suceso patógeno, que puede ir desde la ceguera hasta una lesión cerebral (por ejemplo, a raíz de un ictus o de un traumatismo). En los tres enfoques se pueden estudiar las modificaciones del comportamiento. Por ejemplo, un investigador interesado en la plasticidad de la corteza auditiva podría estudiar la evolución de la percepción del timbre en función de la edad, valorar si los músicos tienen una percepción más exacta del timbre en comparación con los no músicos y si los pacientes con una determinada lesión cerebral consiguen recuperar (con el tiempo y con la rehabilitación) su capacidad de discriminar dos timbres distintos (presuponiendo que la hubieran perdido a raíz de la lesión). Si en los estudios conductuales se asume la hipótesis de que las modificaciones del comportamiento son una consecuencia de la plasticidad cerebral, la aparición de las técnicas de neuroimagen (EEG, MEG, PET, fMRI; cfr. capítulo 4) ha permitido en las últimas décadas estudiar también la plasticidad cerebral efectiva. Por ejemplo, durante muchos años se supo que las personas ciegas tienen mecanismos compensatorios que mejoran su capacidad auditiva, pero hasta hace poco no ha sido posible demostrar que eso se debe a una mayor densidad de la corteza auditiva. Además, mientras que la percepción espacial de los sonidos (¿de dónde proviene?) parece que se procesa en las regiones parietales, en las personas ciegas también intervienen las áreas visuales (Weeks *et al.,* 2000). Tal vez eso podría explicar la superioridad conductual de los ciegos en las tareas de identificación espacial de las fuentes sonoras (Lessard *et al.,* 1998), una superioridad que también se ha detectado en los directores de orquesta (Münte *et al.,* 2001).

A lo largo de este capítulo tan solo recogeremos los estudios que comparan a los músicos y a los no músicos, dado que el desarrollo ya se ha tratado en un capítulo aparte, y no existen prácticamente estudios sobre la recuperación de las funciones musicales a raíz de una lesión cerebral. Puede que el lector sagaz advierta que la mayoría de los estudios descritos a continuación hablan de las modificaciones de las áreas sensoriales de la corteza cerebral, es decir, la corteza auditiva y la corteza sensoriomotora. El hecho de que nos centremos en esas áreas obedece a que esas zonas están bien delimitadas en el espacio, están muy especializadas y en cierta medida son autosuficientes. Expliquémonos mejor. Si por ejemplo nos interesan los efectos de la práctica musical sobre la percepción de la frecuencia de las notas (altura), podemos formular la hipótesis de que la corteza auditiva se verá modificada de alguna forma (estructural o funcional). Por otra parte, si nos interesaran los efectos de la práctica musical en la atribución de un sentido a la música, no sabríamos en qué estructura cerebral tendríamos que buscar. Y aún más: el sentido de la música requiere una amplia red de áreas cerebrales distintas, pero también podría haber otros factores, no relacionados con la práctica musical, que podrían intervenir y dificultar o imposibilitar la interpretación de los datos. Por último, no hay que olvidar que, si bien la práctica musical es un privilegio de los músicos, escuchar música es por el contrario un privilegio de toda la población mundial. Eso provoca que la investigación resulte problemática, dado que no existe un «no oyente» musical. Los no músicos escuchan tanta música como los músicos, y por consiguiente su cerebro se modifica. Existen distintos estudios que han revelado que, desde el punto de vista conductual, no existen grandes diferencias entre músicos y no músicos en lo relativo a las tareas de memorización de secuencias musicales, la comprensión del contenido emocional, la identificación de las estructuras musicales, etc. (Bigand, 2003; Bigand y Poulin-Charronnat, 2006). En otras palabras, los no músicos aprenden implícitamente infinidad de cosas sobre la música, igual que aprenden a hablar escuchando. Por consiguiente, el estudio de la plasticidad cerebral de los músicos a menudo se centra en algunas funciones específicas que se desarrollan de una forma particular a raíz de la práctica intensiva.

2.3.2. La plasticidad cortical en la formación musical

La representación somatosensorial

La investigación de la corteza somatosensorial nos brinda un ejemplo extraordinario para el estudio de la plasticidad neuronal en los músicos profesionales. La corteza cerebral del sistema somatosensorial presenta una organización topográfica de las neuronas. Eso quiere decir que cada parte del cuerpo está representada en un área concreta de la corteza, dando forma a un homúnculo con una gran boca (gran sensibilidad de la boca), orejas pequeñas, manos grandes, busto pequeño, etcétera, hasta terminar en unos piececitos (poca sensibilidad de los pies).

Elbert *et al.* (1995) compararon la representación cortical de la corteza somatosensorial de dos grupos de sujetos: un grupo de músicos que tocaban instrumentos de cuerda y con un experiencia musical media de 12 años y un grupo de control sin ninguna formación musical. Utilizando una breve estimulación que consistía en una leve presión de los dedos (pulgares y meñiques) de ambas manos, se observó un aumento de la representación cortical de los dedos de la mano izquierda en el grupo de los músicos. Cabe recordar que en los violinistas los dedos de la mano izquierda se utilizan de una forma intensiva y precisa para modificar la altura de las notas, mientras que los dedos de la mano derecha manejan el arco. No es casual que las representaciones corticales obtenidas de la estimulación de la mano derecha no difirieran entre el grupo de músicos y el grupo de control. Además, en los músicos el aumento de la representación cortical somatosensorial de la mano izquierda estaba en función de la edad de inicio de los estudios musicales. En efecto, la representación cortical de los dedos de la mano izquierda era mayor en los sujetos que habían empezado a tocar el instrumento desde muy pequeños. Si bien por un lado esto nos llevaría a pensar en una mayor plasticidad cortical en la infancia, tampoco hay que perder de vista que los músicos que habían empezado a tocar antes también tenían, por consiguiente, más años de experiencia. Estudios posteriores demostraron que incluso es posible distinguir a los pianistas de los violinistas y de los no músicos basándose simplemente en la forma de las circunvoluciones cerebrales. En efecto, la práctica intensiva de un músico conlleva un aumento masivo de la conectividad neuronal en el área de la mano, y ello imprime una forma que se asemeja a una letra omega invertida que es, justamente, muy marcada en ambos hemisferios de los pianistas y tan solo en el hemisferio derecho de los violinistas (dado que la corteza motora derecha controla la mano izquierda, que requiere una agilidad especial en comparación con la derecha, que maneja el arco). Más recientemente, algunos investigadores han demostrado que esas modificaciones en la corteza motora y el cuerpo calloso (la estructura que permite la comunicación entre los dos hemisferios) varían después de un año de práctica musical (en el niño; Hyde *et al.,* 2009). Estos resultados son importantes, puesto que demuestran que tales diferencias parecen ser una consecuencia de la práctica musical y que no existían previamente (Herholz y Zatorre, 2012).

La representación somatosensorial desempeña un papel importante también en los procesos de aprendizaje y en la rehabilitación de las funciones musicales, a través de los procesos de imitación y de resonancia motriz (Proverbio *et al.*, 2017).

La representación auditiva

De forma análoga a lo que ocurre con la corteza somatosensorial, también la corteza auditiva tiene una organización interna, denominada tonotópica, que respeta la dimensión de la altura (frecuencia). Pantev *et al.* (1998) compararon dos grupos de músicos con oído absoluto y con oído relativo (la capacidad de identificar los tonos tan solo de forma relativa) y un grupo de control formado por sujetos sin experiencia musical instrumental. Los participantes de los distintos grupos escuchaban unas secuencias de notas tocadas con un piano o con un sintetizador (sonidos puros sinusoidales). La respuesta de la corteza cerebral en las regiones auditivas de los dos grupos de músicos era mayor para las notas tocadas con el piano en comparación con los sonidos puros. Por el contrario, en el grupo de control no había ninguna diferencia entre las notas tocadas con el piano y los sonidos puros. Estos resultados pueden interpretarse como un aumento de la representación de la corteza auditiva, necesaria para el procesamiento sutil de los sonidos musicales, en los participantes músicos. Exactamente igual que ocurría en el caso de la representación somatosensorial, el aumento de la representación cortical parece depender de la edad de inicio de la práctica instrumental, pero con la misma salvedad a la hora de interpretarlo. Ese resultado de una mayor representación de los sonidos musicales en los músicos concuerda con la observación de que el *planum* temporal de la corteza temporal izquierda (la zona auditiva primaria) es mayor en los músicos que en los no músicos (Schlaug *et al.*, 1995).

En el gran debate entre naturaleza y cultura *(nature/ nurture)* alguien podría decir que en el fondo quienes tienen una predisposición genética acaban siendo músicos, y que el aprendizaje no solo no tiene ningún efecto sino que todo ya está programado desde el principio. Por absurda que parezca esa visión, los datos que hemos expuesto hasta ahora no permiten desmentir con certeza esa interpretación. En efecto, dado que los estudios se realizaron con adultos, existe la posibilidad teórica de que las diferencias ya estuvieran presentes antes de la práctica instrumental. Un estudio de Pantev *et al.* (2001) es especialemente interesante a ese respecto. En efecto, los investigadores demostraron que las representaciones corticales auditivas para los sonidos con timbres distintos (trompeta y violín) no solo son mayores en los violinistas y en los trompetistas en comparación con la representación de sonidos sinusoidales, sino que también dependen del instrumento que se toque. Los violinistas tienen una mayor representación para los sonidos de violín en comparación con los sonidos de trompeta, y viceversa en el caso de los trompetistas. Ese efecto de especificidad para el timbre puede obedecer exclusivamente a una plasticidad dependiente de la experiencia y no de un marco teórico genético. Además, ese mismo estudio observaba también modificaciones de la corteza auditiva en relación con los cambios de plasticidad de la corteza motora al cabo de un año de práctica de la música, lo que viene a validar definitivamente la relación de causa y efecto de la práctica musical.

En conjunto, los estudios que hemos presentado en este apartado nos muestran que el cerebro de los músicos (y de todo el mundo) es plástico. Si por un lado podría haber una disminución de la plasticidad con el aumento de la edad en las estructuras de la corteza auditiva para la percepción y discriminación auditivas (Kuhl *et al.*, 1997), en cualquier caso la plasticidad persiste en edades más avanzadas, dado que es visible incluso en los músicos que iniciaron tarde el estudio de su instrumento. Por mucho que indudablemente los factores genéticos desempeñen su papel, el cerebro puede ser moldeado por la experiencia en su organización estructural y funcional.

Para concluir, nos parece oportuno citar el reciente interés en las estructuras subcorticales por parte de un grupo de investigadores de Chicago. En particular, Nina Kraus ha realizado una cantidad impresionante de estudios que muestran que en los músicos la codificación del sonido ya se modifica a nivel subcortical, es decir, antes de llegar a la corteza cerebral. Los músicos no solo tienen una mejor representación de los sonidos, sino que además esa representación es más resistente a la interferencia provocada por un ruido externo. Por añadidura, parece que la ventaja del músico es selectiva para las características espectrales del sonido que permiten una mejor selección de las informaciones pertinentes (Kraus y Chandrasekeran, 2010). Todavía harán falta unos años para que podamos comprender con exactitud hasta qué punto las modificaciones del sistema auditivo son el fruto de una interacción entre el nivel subcortical y el nivel cortical.

2.3.3. Efectos colaterales de la plasticidad cerebral

En ocasiones, el hecho de que el cerebro conserve la capacidad de modificar su estructura a lo largo de toda la vida puede tener unos efectos colaterales poco adaptativos. Imaginemos un escenario de ciencia ficción donde un músico tocara las veinticuatro horas del día desde la edad de dos años. Si no hubiera un límite a la plasticidad cortical, al cabo de veinte años ¡todo el cerebro se convertiría en corteza auditiva y somatosensorial! Por suerte, la naturaleza ha previsto unos límites a la plasticidad, y el escenario mencionado no es fisiológicamente posible. A pesar de todo, existen trastornos debidos a una excesiva estimulación cerebral. En los músicos, asume la forma de un trastorno en el control de los dedos de las manos, la distonía focal, que conlleva la incapacidad de coordinar las manos, lo que a veces se diagnostica erróneamente como problemas musculares o tendinosos. En realidad, el uso intenso y constante de los dedos y la plasticidad cerebral conducen a una desorganización de las representaciones corticales en la corteza somatosensorial (Elbert *et al.*, 1998). Eso ocurre sobre todo en los músicos que hacen un uso virtuosista de sus manos y fuerzan a su sistema nervioso hasta el límite y más allá. En efecto, raramente ocurre en otros músicos, como los contrabajistas, los tubistas o los trombonistas, que no tienen un repertorio especialmente virtuoso. En cambio, el fenómeno se observa en los violinistas (mano izquierda), los pianistas, los saxofonistas (mano derecha o izquierda) y los guitarristas (mano derecha), dado que esos son algunos de los instrumentos que requieren un mayor virtuosismo. Parece que existe un componente psicológico, pues los estados de ansiedad y el perfeccionismo son factores relacionados con el desarrollo de la distonía. Además, parece que podría haber también un componente genético, dado que la distonía es mucho más frecuente entre el sexo masculino, y asimismo parece tener en parte un carácter hereditario. A raíz de esa desorganización de la corteza somatosensorial se pierde el control sutil de los dedos, pues se produce un solapamiento de las representaciones de los distintos dedos. En otras palabras, sería algo parecido a un falso contacto en un portero automático, que provoca que suenen los timbres de dos viviendas en vez de uno solo. Por ejemplo, cuando el músico quiere mover el dedo índice, si la representación de dicho dedo se solapa con la del dedo medio, ambos se ponen en acción automáticamente. Eso le obliga a activar una serie de mecanismos de compensación que son la causa de los calambres y dolores que a menudo fuerzan a los músicos a abandonar temporalmente su profesión. En efecto, si el músico logra que le diagnostiquen correctamente, la única forma de curarse es interrumpir la actividad instrumental profesional durante cierto tiempo y llevar a cabo una rehabilitación conductual consistente en ejercicios específicos diseñados para recuperar la correcta organización funcional de la corteza somatosensorial. Efectivamente, el cerebro sigue siendo plástico, y nada impide «remodelarlo» y volver a crear una organización de la corteza sin solapamientos de las representaciones de los dedos (Candia *et al.*, 1999), aunque tan solo en contados casos el músico logrará recuperar del todo las condiciones óptimas, y lo más frecuente es que tenga que abandonar su carrera como solista.

2.4. La sinestesia musical

No siempre es posible definir la sinestesia como una forma de patología. Distintos autores la consideran un modo normal de percepción sensorial que en algunos individuos asume unas características que la pueden asemejar a formas disfuncionales. Seguramente afecta a algunos aspectos perceptivos y a su correspondiente organización neuronal, donde los vínculos entre distintas formas de asimilación se estrechan hasta que ya no es posible identificar unos límites claros. Vamos a intentar examinar de qué se trata.

Eleonora percibe el olor de una rosa cada vez que oye el sonido de un piano. Luca ve un color azul transparente cuando oye un oboe, y Mónica tiene su propia representación de los sonidos musicales a lo largo de un eje tridimensional y virtual donde los sonidos más graves están ubicados abajo, cerca de su cuerpo, y a medida que se asciende por la escala musical los sonidos se alejan de su cuerpo y se posicionan más arriba. Todos estos jóvenes son personas normales que experimentan combinaciones atípicas de percepciones sensoriales. Normalmente, la población general percibe esas sensaciones por separado, pero entre una minoría de personas algunos sentidos se unen y crean una condición particular denominada «sinestesia».

La palabra sinestesia deriva del latín y significa «unión de los sentidos». Es un fenómeno raro, en el que se aúnan dos sensaciones, habitualmente percibidas por separado, independientemente de la voluntad de la persona. Se estima que aproximadamente el 4 por ciento de la población está afectada por la sinestesia, y recientemente se ha sugerido que el fenómeno puede tener una base genética. La unión sensorial puede verificarse dentro de la misma modalidad (por ejemplo, la vista: ver la cifra «1» se asocia con la imagen del color rojo), o bien entre dos sentidos distintos (por ejemplo, oído y gusto: oír el sonido de una trompeta suscita un sabor a cebolla). Las combinaciones son potencialmente infinitas, aunque algunas asociaciones sinestésicas son más frecuentes que otras. Por ejemplo, las asociaciones sinestésicas con los colores (percibir los días de la semana con colores) y las asociaciones entre cifras y colores son las más frecuentes, mientras que las asociaciones con el gusto y el olor son relativamente más infrecuentes.

En la producción artística, y en particular en el ámbito musical, se da una mayor incidencia de sujetos que manifiestan formas de sinestesia, y en los últimos años el estudio de esta forma de percepción sensorial ha despertado un notable interés. Si bien las primeras observaciones se remontan a finales del siglo XIX, con sir Francis Galton, durante las últimas décadas la psicología cognitiva ha centrado su interés en la necesidad de plantear, paralelamente a la tradicional subdivisión entre las distintas modalidades sensoriales, también la existencia de procesos multisensoriales o de estructuras de procesamiento supramodales. En la realidad, mirar una botella de vino corriente involucra a nuestro sistema sensorial no solo por el reconocimiento de ese objeto, sino también a través de la representación del sabor y del aroma que suponemos que puede ir asociado al líquido que contiene, a la sensación de agarrar la botella y servir una copa. Se trata de procesos típicamente multisensoriales que suscitan, con distintas intensidades, la percepción sinestésica.

En la sinestesia musical, un estímulo de origen musical (un sonido, un instrumento musical, un acorde, etc.), suscita una sensación adicional atípica, de naturaleza no musical (color, olor, sabor, etc.). Hasta el momento se han documentado distintos tipos de sinestesia musical, entre las que destacamos: las asociaciones entre sonidos musicales y colores o entre intervalos musicales y sabores; la organización de los sonidos musicales a lo largo de un eje espacial; las asociaciones entre sonidos musicales y formas y, por último, la asociaciones entre colores y notación musical.

En el ámbito musical se utilizan a menudo, de forma metafórica, las asociaciones con colores y emociones para describir distintos aspectos del sonido. Sin embargo, a diferencia de las metáforas, la sinestesia musical es una auténtica experiencia perceptiva que se caracteriza por dos dimensiones fundamentales: la regularidad y el automatismo. El primer factor subraya lo repetitivo de la percepción sinestésica (la percepción de un Do se asocia siempre al color azul). En cambio, el automatismo pone de relieve la imposibilidad por parte del individuo de suprimir la experiencia sinestésica. La asociación sinestésica se produce siempre, de un modo similar, independientemente de la voluntad de la persona.

El origen de la sinestesia no está del todo claro. Es posible que la causa sea una hiperconexión de áreas cerebrales que entre la población general no están directamente conectadas. En realidad lo más probable es que las conexiones estén presentes en todos los individuos, pero su intensidad sería mayor en el caso de las personas sinestésicas, y en particular entre las regiones auditivas y visuales de la corteza frontal (Zamm *et al.,* 2013). Cabe subrayar que algunas formas de integración sensorial están presentes de forma regular entre la población, y en parte se explican en función de una intermediación del sistema emocional (Palmer *et al.,* 2013). En el ámbito musical se da la tendencia a asociar los sonidos graves con los colores oscuros y con las posiciones espaciales próximas al suelo. Por el contrario, los sonidos agudos habitualmente evocan colores claros y posiciones más altas. En los distintos juegos de coordinación psicomotriz de los niños los sonidos graves coinciden con los movimientos de bajada hacia el suelo y de relajación muscular, mientras que los sonidos agudos se utilizan para producir extensiones hacia arriba y tensión muscular. También se utilizan asociaciones parecidas en el ámbito clínico para la rehabilitación de personas con lesiones cerebrales o con patologías del sistema motor. Esas asociaciones, a diferencia de las asociaciones sinestésicas, habitualmente son implícitas e inconscientes, y distintos autores han apuntado a la posibilidad de que sean justamente el nivel de conciencia y la intensidad los que permitirían clasificar los fenómenos sinestésicos (Cohen-Kadosh y Henik, 2007).

2.5. Música y lenguaje

La música y el lenguaje son universales, en el sentido de que están presentes en todas las culturas humanas. Exceptuando algunas formas rudimentarias que pueden observarse en algunas especies animales, la música y el lenguaje son exclusivos de la especie humana. Si a la mayoría de la gente le parecerá bastante obvia la presencia del lenguaje en todas las culturas humanas, la de la música sin duda resulta menos evidente. A ese respecto, una de las teorías más interesantes postula que ambos elementos aseguran la cohesión del grupo social, y por consiguiente desempeñan un papel de suma importancia en todas las sociedades humanas (Arom, 2000). John Blacking, en su apasionante libro *How Musical Is Man?* (1973), publicado también en castellano (*¿Hay música en el hombre?,* Alianza Editorial, 2015), llega al extremo de definir la música como «sonido que se organiza en configuraciones socialmente aceptadas». Indudablemente, a la hora de analizar esa teoría no hay que pensar en la música como el último CD de regalo de nuestro periódico habitual, que escuchamos mientras esperamos en la cola del peaje de la autopista. Se trata más bien de dar un salto en el tiempo o en el espacio y pensar en las culturas en que el pensamiento mágico todavía está presente y no se ha ido perdiendo el vínculo entre la música, el canto, la danza y los rituales (Schön y Schön, 1999).

Cuando pasamos de la función filogenética a los elementos estructurales necesarios para la música y el lenguaje, la semejanza es más tangible. Tanto la música como el lenguaje son fenómenos complejos que difícilmente pueden estudiarse en su conjunto, y a menudo se observa la tendencia a descomponerlos en factores más elementales. Por ejemplo, la música puede describirse desde un punto de vista acústico, rítmico, melódico o armónico. Probablemente cada uno de estos aspectos requiere diferentes operaciones mentales. En efecto, es poco probable que la percepción de las estructuras rítmicas se base en las mismas operaciones que la percepción de la armonía, aunque en ambos casos las expectativas y la capacidad de anticipación desempeñan un papel crucial.

Análogamente, dentro del lenguaje se han descrito distintos niveles de asimilación: el nivel fonético-fonológico (fonemas y prosodia), el nivel morfosintáctico (combinación de los fonemas en morfemas, y de los morfemas en palabras), el nivel sintáctico (las reglas que definen las relaciones entre las palabras) y el nivel léxico-semántico (acceso al significado).

Si por un lado resulta indudablemente interesante comparar los distintos niveles de procesamiento lingüístico y musical, por otro debemos ser cautos y comparar lo comparable. Es decir, hace falta disponer de un marco teórico de referencia que nos permita interpretar las operaciones musicales y lingüísticas que estemos comparando. En efecto, si desde el punto de vista experimental todas las comparaciones son posibles, no todas ellas tienen sentido desde un punto de vista teórico. Por ejemplo, comparar las reglas de la armonía (por ejemplo la cadencia perfecta) con las normas de la sintaxis lingüística (por ejemplo la concordancia entre sujeto y verbo) no nos parece que tenga mucho sentido. En cambio, comparar el modo en que se aplican dichas reglas a los sonidos y las palabras y la forma en que la estructura resultante (melodía, frase) se mantiene viva en la memoria operativa tiene un interés teórico relevante. El enfoque comparativo (música frente a lenguaje) nos coloca de inmediato ante el problema de las etiquetas y de los modelos que utilizamos para interpretar nuestras observaciones. Para explicarnos, vamos a poner un ejemplo. Todos pensamos que sabemos más o menos en qué consiste la sintaxis, y puede que algunos lectores tengan la misma impresión con la armonía. Pero sintaxis y armonía son solo dos etiquetas, dos palabras, acuñadas hace siglos para describir algunos aspectos del lenguaje y de la música. Nada nos dice que desde un punto de vista psicológico, y menos aún biológico, esas etiquetas tengan sentido. Como acabamos de ver, nuestra visión del lenguaje como algo formado por distintos niveles en cierto sentido es algo que damos por descontado. Sin embargo, cuanto intentamos establecer una comparación entre la música y el lenguaje nos damos cuenta de que esas etiquetas no son apropiadas y no son exactas en términos cognitivos, ni tampoco tienen un sentido biológico. En efecto, nos daremos cuenta de que distintos aspectos de la sintaxis y de la armonía, aunque por supuesto no las normas en sí, indudablemente son comunes, y por consiguiente eso exige revisar en cierto sentido las etiquetas y refinar los modelos interpretativos que tenemos de esos aspectos comunes del lenguaje y la música. Las ciencias cognitivas son de gran ayuda, pues aportan un modelo más moderno de las funciones mentales en comparación con la lingüística y la musicología del siglo XIX. Por tanto, nos damos cuenta de que la fonología implica una operación de categorización que también encontramos en la música, por ejemplo respecto a los intervalos musicales (de duración o de altura). La sintaxis implica un sistema capaz de analizar las relaciones entre elementos (sujeto, verbo, complemento), y eso también es válido para la música (tónica, subdominante, dominante). Así pues, más allá del interés empírico de comparar el lenguaje y la música, el enfoque comparativo reviste un interés teórico, pues nos obliga a encontrar nuevos modelos interpretativos, o por lo menos a actualizar los que ya no dan buenos resultados.

2.5.1. Nivel acústico y fonético/fonológico

Los sonidos, ya sean musicales o lingüísticos, se caracterizan por su altura, duración, intensidad y timbre. El uso de esos parámetros es evidente en la música, pero es esencial también en el lenguaje. He aquí un ejemplo: pronuncie «¿Estás bien?» como si se lo preguntara a un amigo. En cambio, ahora, respóndale a una amiga que le ha preguntado cómo la ve usted: «Estás bien». Si repite usted las dos frases y se escucha con atención, se dará cuenta de que en la primera frase la voz aumenta de altura hacia el final (bien), mientras que en la segunda baja. Ahora imagínese que se encuentra con un amigo al que hace tiempo que no ve: «¡Te veo muy bien!». Esta vez usted habrá alargado la e de bien para destacar el hecho de que le ve en buena forma y no envejecido. Y para terminar, ahora usted está a punto de perder la paciencia con alguien que se niega a escuchar: «¡Escúchame bien!». El color (timbre) de su voz se ha hecho más áspero, y probablemente usted también habrá elevado el volumen.

Lo más fascinante es que a menudo la música y el lenguaje hacen un uso parecido de esos parámetros. Por ejemplo, cuando nos fijamos en el contenido emocional de una frase hablada o musical, una frase triste se pronunciará más bien despacio, y eso también es válido para una melodía triste. Patrick Juslin y Petri Laukka (2003) pasaron revista a más de cien estudios sobre la relación entre los parámetros acústicos y la emoción transmitida en el lenguaje y en la música. Se dieron cuenta de que el tempo, la intensidad (volumen), los cambios de intensidad, la altura, las variaciones de altura y muchos otros parámetros tienen el mismo efecto sobre la expresividad de una frase lingüística y una frase musical. Los autores concluyen que los músicos comunican emociones empleando un código acústico derivado de los programas neuronales innatos para la expresión de emociones vocales. De ese modo, la música podría considerarse como «una forma de lenguaje más elevado que transforma los sentimientos en un paisaje audible» (Juslin y Laukka, 2003).

A nivel fonético se han descrito dos fenómenos interesantes tanto para la música como para el lenguaje: la percepción categórica y la restauración fonémica (Aiello, 1994). El fenómeno de restauración fonémica se produce cuando se sustituye una parte de la señal lingüística por un ruido o un silencio. Cuando se hace escuchar la señal modificada artificialmente a un oyente, este puede no darse cuenta de la manipulación artificial. En caso de que se dé cuenta (depende de las manipulaciones), tenderá de todas formas a decir que ha percibido un ruido simultáneo a la palabra o a la música. En otras palabras, las expectativas semántico-léxicas o musicales se imponen al análisis acústico y rellenan la información que falta.

El fenómeno de percepción categórica esta vinculado al hecho de que un continuo sonoro lingüístico o musical se percibe como segmentado en unidades discretas (fonemas, notas, palabras...). En líneas generales, la discriminación dentro de una misma categoría («b») será deficiente, mientras que entre dos categorías distintas («b» y «t») será buena. Por ejemplo, si se repite dos veces una frase, los fonemas percibidos serán los mismos a pesar de que hay variaciones acústicas que en ocasiones pueden ser importantes (si desea usted hacer la prueba, utilice algún programa gratuito, como RTGRAM o Praat, para visualizar o hacer un análisis espectral de una palabra repetida dos veces seguidas). Análogamente, en música, las pequeñas modificaciones de un intervalo no se perciben como desafinadas. Sin embargo, el violinista no pone los dedos exactamente en el mismo lugar cada vez que toca una nota determinada. Ese margen de error se debe justamente a la percepción categórica. A pesar de las notables diferencias personales de pronunciación y de ejecución en el lenguaje y en la música, la percepción categórica parece favorecer un reconocimiento y una comprensión mejores y más fáciles. Por supuesto las categorías no son innatas, sino que están vinculadas a la experiencia. Por ejemplo, en el caso de nuestro violinista, un error de un quinto de tono no será percibido por un oyente inexperto, pero sí por un músico profesional (Schön, Magne y Besson, 2004). Y en el lenguaje ocurre lo mismo. Si un día tuviera usted que aprender hindi o nepalí, comprobaría su incapacidad de distinguir (por lo menos al principio) entre fonemas como /ka/, /kha/ y /khha/. Además, en una reciente serie de estudios se ha demostrado que, dentro de ciertos límites, las modificaciones perceptivas inducidas por el estudio de la música determinan unas modificaciones perceptivas análogas en la percepción del lenguaje. Por añadidura, dichas modificaciones parecen ir acompañadas de modificaciones neurofisiológicas en el adulto y en el niño, y son sensibles incluso a un aprendizaje musical de breve duración (Schön, Magne y Besson, 2004; Magne, Schön y Besson, 2006; Moreno y Besson, 2005).

Naturalmente, no hay que olvidar que en la comparación entre los fonemas y las notas de una escala musical también existen importantes diferencias. Por ejemplo, si por un lado la variabilidad intercultural del número de intervalos en una octava es relativamente limitada, el número de fonemas oscila entre 11 en Polinesia y 141 entre los bosquimanos, mientras que en castellano asciende a poco más de treinta.

2.5.2. Nivel sintáctico/estructural

Todas las lenguas tienen una estructura sintáctica. Los verbos, los sujetos y los objetos siempre están presentes, aunque sea en distinto orden. Ello llevó a pensar que la sintaxis lingüística es universal e innata (Chomsky, 1988).

No vamos a debatir aquí esa teoría, que, pese a contar con cierto número de argumentos a favor, todavía dista mucho de ser aceptada.

Por analogía con el lenguaje, se ha hablado a menudo de sintaxis musical o de gramática musical. Aunque esa analogía ya no sorprenda a nadie, todavía falta clarificar hasta qué punto va más allá de una simple metáfora. Lo que podemos decir sin lugar a dudas es que la música está sujeta a un determinado número de leyes universales de la percepción que influyen poderosamente en su estructura. Por ejemplo, en cuanto escuchamos varias notas seguidas tendemos a condensarlas y percibirlas como *un* grupo de notas y no como muchas notas una detrás de otra. Halpern y Bower (1982) fueron los primeros en demostrar que los músicos perciben y memorizan secuencias musicales por grupos *(chunks)*. Los distintos grupos de notas constituyen las frases musicales, con unas fronteras precisas, exactamente igual que en el lenguaje una palabra (el sujeto) se relaciona con otra (el verbo) y con una tercera (el objeto) para formar una frase. Es importante señalar que muchas de las normas que crean las estructuras musicales se parecen a las reglas descritas por la psicología de la *Gestalt* para la percepción visual. Al mismo tiempo, algunos sistemas de análisis lingüístico parecen adaptarse bastante bien al análisis de las estructuras musicales (Lerdhal y Jackendoff, 1983; Lerdhal, 2001). Un modelo que ha sido propuesto recientemente se nos antoja particularmente prometedor. Patel (2003) postula que los procesos de integración de las estructuras lingüísticas y musicales son parecidos. La idea de fondo es que el cerebro opera con las distancias abstractas entre los elementos. Cuanto más grande es la distancia, más difícil resulta operar. Cuanto más lejos está el sujeto del verbo, más difícil resulta seguir el discurso. Análogamente, en música se dan unas distancias tonales. Por consiguiente, las operaciones corrientes que realiza el cerebro tendrían que ver con el mantenimiento o la recuperación de la información en función de las distancias lingüísticas o musicales. Según el autor del estudio, estas operaciones tendrían su sede en el área de Broca y permitirían predecir la presencia de déficits musicales en los pacientes con afasia de Broca. En efecto, la actividad cerebral relacionada con el análisis de la sintaxis lingüística y musical parece muy similar tanto en su decurso temporal (Patel *et al.*, 1998; Besson y Schön, 2003) como en las áreas cerebrales implicadas (Maess *et al.,* 2001). Además, estudios recientes han revelado que los pacientes afásicos, con una afasia no fluente provocada por una lesión alrededor del área de Broca, presentan efectivamente un trastorno en la comprensión de la sintaxis musical (Patel *et al.,* 1998). La comorbilidad entre los trastornos sintácticos lingüísticos y musicales también se ha descrito en otras patologías, como por ejemplo la disfasia (Jentschke *et al.,* 2008).

Otro enfoque interesante consiste en evaluar hasta qué punto el análisis sintáctico del lenguaje es independiente del análisis armónico musical. Es decir, si la sintaxis lingüística y la musical utilizan los mismos recursos neuronales, debería ser posible demostrar que se influyen mutuamente. Distintos estudios ya han demostrado que una tarea lingüística que requiera prestar atención a la sintaxis acusa la influencia de la estructura armónica de una música de fondo. Y lo que es todavía más interesante: cuando los errores coinciden en el tiempo (es decir, cuando un error gramatical coincide con un acorde que no suena bien) se dan los efectos conductuales más evidentes (Slevc, Rosenberg y Patel, 2009). Esto, tal y como destacábamos anteriormente, obliga al investigador a preguntarse qué operación se realiza específicamente en el área de Broca y no es exclusiva del lenguaje ni de la música.

A pesar de la semejanza entre la música y el lenguaje a nivel sintáctico, es preciso señalar que también en este caso existen diferencias importantes. Por ejemplo, las reglas de la gramática musical son muchísimo más flexibles y ambiguas que las normas lingüísticas, que permiten escaso margen de libertad. Es posible que la función comunicativa del lenguaje favorezca una mayor estabilidad sintáctica. Por otra parte, en música la ambigüedad es un elemento estético fundamental. La trasgresión de la regla es una fuente de tensión que se resuelve una vez que se regresa a la tonalidad o a la métrica* (o compás).

Por último, no hay que olvidar que muchas de las reglas musicales tienen que ver con la dimensión vertical, es decir, con la simultaneidad de los sonidos (por ejemplo en una sinfonía). Esas reglas están totalmente ausentes en el lenguaje, que, una vez más, y a fin de optimizar la claridad del mensaje, no permite que hablemos todos a la vez y lo que se diga tenga sentido (y en eso los políticos no son una excepción).

2.5.3. Sentido, significado y espera

Si el significado de las palabras se comprende en relación con un espacio extralingüístico (por ejemplo, «pásame la sal que está sobre la mesa», donde «sal» y «mesa» son reales), la mayoría de las veces la música se considera un ámbito autorreferencial (Jakobson, 1973; Meyer, 1956). Eso no significa que la música no tenga un sentido, sino simplemente que no existen, como en cambio sí ocurre con el lenguaje, unas reglas arbitrarias que asocien un significado a los sonidos. Un acorde de Do mayor no significa nada más que un acorde de Do mayor. Pierre Schaeffer (1966), en su tratado sobre los objetos musicales, propone un análisis semiológico que clasifica los sonidos en distintas categorías semánticas en función de su timbre. En efecto, asociaremos fácilmente algo desagradable con un sonido estridente, algo en movimiento con un sonido cambiante (no estático), algo de gran tamaño con un sonido grave, algo pequeño con un sonido agudo, etcétera. Efectivamente, por una serie de estudios parece que un sonido o un breve extracto musical (de un segundo) puede asociarse con un conjunto de significados, y que esa asociación tiene lugar de forma automática durante los primeros cientos de milisegundos en la corteza temporal asociativa (Schön *et al.*, 2010b; Daltrozzo y Schön, 2009). En dichos estudios la asociación con el significado parece estar condicionada por la connotación emocional y por algunos aspectos físicos del sonido (el timbre). En otras palabras, un sonido grave y oscuro se asociará más fácilmente con el concepto de «tinieblas» que con el de «luz». El problema es que, cuando pasamos de un simple sonido o de un segundo de música a una serie de sonidos estructurados, las cosas se vuelven más complejas.

Una forma de resolver el problema podría ser considerar el sentido de la música como algo que va más allá de cualquier estructura referente y de las posibilidades del lenguaje (Piana, 1991). Por un lado, eso no siempre es verdad. Por ejemplo, si escuchamos la *Marcha Radetzky* nos podría venir a la mente el día de Año Nuevo y la Filarmónica de Viena dirigida por Claudio Abbado. La *Marcha nupcial* de Mendelssohn nos transporta de inmediato a una boda, ese vals de Strauss nos pone en la cabeza la palabra «Danubio» y el color azul, etcétera. Además, determinadas músicas son más pomposas y regias, otras son más gorjeantes, unas son planas como el mar y otras violentas como la guerra. Por un lado, cuando vamos a escuchar una sinfonía de Haydn que nunca hemos escuchado anteriormente, o el nuevo disco de un buen músico, estamos en el reino de lo inefable. Decir que nos recuerda a la aristocracia austrohúngara sería una asociación vaga, más que su significado profundo. No podemos contarle a nadie la música de un concierto (como mucho podemos volver a tocarla, si somos capaces). Pero entonces, si nos liberamos del lenguaje como medio para describir el sentido, ¿cuál es el sentido de la música?

Leonard Meyer (1956) afirma que la música significa ella misma. Cada uno de los elementos musicales tiene sentido desde el momento en que genera expectativas respecto a otros eventos. A veces, como en el caso de Roger Rabitt, esas expectativas son tan fuertes que nos sentimos impulsado a concluir una frase («Una copita...»). Desde ese punto de vista, la música y el lenguaje vuelven a parecerse una vez más. En efecto, al igual que una secuencia de notas nos lleva a esperar que después va a sonar una nota en concreto, una determinada frase nos lleva a esperar una palabra más que otra.

En su teoría, Meyer postula lo altamente predecible de la música respecto a los afectos o las emociones. En otras palabras: Meyer intenta explicar las emociones en la música mediante las tensiones relacionadas con la espera de una nota o un acorde determinado. Por desgracia, a ese respecto, la teoría no se sostiene. En efecto, en caso de una escucha reiterada de una misma pieza, la teoría contempla una disminución de la sorpresa y de la tensión, y por consiguiente una reducción de la emoción. Todos los aficionados que poseen cierto número de obras musicales favoritas saben que, por el contrario, una escucha reiterada nos lleva a apreciar aún más una determinada música. Ese aspecto de la repetitividad es una peculiaridad interesante de la música. La encontramos tanto en el acto de escuchar una obra de forma reiterada como en la propia estructura de las piezas musicales, a menudo repetitivas hasta la saciedad (el famoso estribillo, que vuelve una y otra vez). También lo experimentamos cuando se nos «pega» una melodía, no conseguimos librarnos de ella y casi nos sentimos obligados a cantarla de forma compulsiva. Que nosotros sepamos, Jackendoff (1991) es el único que ha formulado una hipótesis a ese respecto, y postula la intervención de un «analizador» automático. Dicho «analizador» automático (y por tanto no consciente) seguiría analizando y recreando desde cero las estructuras musicales. En este caso, la sorpresa y el sentido musical seguirían teniendo motivos para reaparecer cada vez que escuchamos una pieza.

Todo este debate sobre música y significado no nos lleva muy lejos. Es posible que haya que plantear la pregunta de otra forma. Piana (1991), en su interesante libro *Filosofia della musica,* propone que nos planteemos la pregunta: «¿Qué puedo hacer con los sonidos?». Desde ese punto de vista la música se convierte en una serie de decisiones, y el flujo de tales decisiones da como resultado el pensamiento musical. Detrás de todo esto está la imagen de un niño que juega con unos palitos. ¿Cuál es el sentido del juego del niño? Tal vez sea responder a la pregunta «¿Qué puedo hacer con estos palitos?». Así pues, la música pasa a ser un juego donde el compositor juega con los sonidos, el músico juega con el instrumento y el oyente juega en medio de todos ellos, descubriendo las nuevas reglas poco a poco. Y la dimensión del juego nos lleva a la reacción estética, que según Umberto Eco sería proporcional al número de los distintos puntos de vista desde los que puede contemplarse una obra (Eco, 1989).

Para concluir, si el sentido de la música sigue siendo inexpresable, no cabe duda de que es la mezcla de un enfoque analítico (el «analizador»), las asociaciones individuales/culturales con el mundo exterior y la reacción estética. Por consiguiente, en la medida en que es inefable, el sentido de la música sigue siendo el aspecto más difícil de estudiar desde un punto de vista experimental.

2.6. La memoria musical

La memoria es una facultad crucial de nuestros procesos cognitivos que tiene que ver con el mantenimiento de la información a lo largo del tiempo. Es la capacidad de procesar, conservar y recuperar la información. Con el término memoria se designan habilidades muy diferentes, como por ejemplo el mantenimiento de la información sensorial, el recuerdo del significado de las palabras, del patrimonio de los conocimientos, de nuestros recuerdos personales y la programación de futuras acciones.

La música es una capacidad cognitiva compleja formada por una variedad de componentes diferenciados que se perciben y asimilan en nuestra mente a través de un conjunto de procesos cognitivos. Hasta ahora todavía no se ha propuesto ningún modelo específico que describa el proceso de memorización de la información musical. El proceso de la memoria de la música probablemente se parece al modo en que percibimos y procesamos todas las informaciones. Más en general, también podemos señalar que, si bien por un lado las investigaciones sobre los procesos cognitivos asociados a la música se han desarrollado a lo largo de los veinte últimos años, por otro esas investigaciones se han concentrado en algunos sectores específicos (por ejemplo la música y el lenguaje), dejando otros en una fase bastante atrasada. La memoria es uno de ellos, y veremos claramente que no existe un paralelismo entre los progresos logrados en las ciencias psicológicas en ese sector y la asociación con los estímulos musicales.

Un modelo clásico de memoria para los estímulos auditivos permite comprender algunos aspectos que caracterizan el proceso de memorización de la información musical, y se subdivide en tres procesos centrales: un proceso perceptivo, que se corresponde con la memoria ecoica, un proceso de asimilación a corto plazo y un proceso de almacenamiento y memorización a largo plazo. Esta distinción redunda en la evidencia de que la memoria está formada por muchos sistemas interconectados, pero con mecanismos de funcionamiento distintos, que tienen en común la característica de conservar la información en el tiempo. Las diferencias son una consecuencia de la variedad en las características de los estímulos a recordar, de su cantidad, del nivel de conciencia del recuerdo y de su duración, que puede oscilar desde una fracción de segundo hasta toda una vida.

El modelo que se cita más a menudo para describir la percepción y la memorización de los estímulos auditivos se divide en tres fases diferenciadas, y naturalmente está relacionado con el modelo general de memoria formulado por Atkinson y Shiffrin en 1968. La primera fase se denomina ecoica, la segunda fase es la memoria a corto plazo (MCP) y la tercera es la memoria a largo plazo (MLP). Cada una de esas fases tiene lugar en un momento distinto y refleja un nivel diferente de análisis y de experiencia musical. La primera fase se corresponde con el nivel de la continuidad de los acontecimientos; la segunda, con el análisis de la melodía y del ritmo, mientras que en la tercera fase se producen los análisis de las formas musicales (Pashler, 1998). Entre esas tres fases existen numerosos mecanismos de control (*feedback* o retroalimentación) que permiten el tránsito ininterrumpido de información entre las fases anteriores y posteriores para un mejor procesamiento.

La primera fase corresponde a la memoria ecoica y consiste en un procesamiento precoz de la información. En esta fase la información sonora se percibe en el oído medio, que codifica y convierte los sonidos en una serie de impulsos nerviosos que representan las frecuencias y la intensidad de la vibración acústica. La información permanece en la memoria ecoica durante menos de un segundo. Las distintas teorías de la memoria sostienen que en esta fase la información no se clasifica de ninguna forma, sino que más bien constituye una serie de datos sensoriales. Ese breve intervalo en la memoria ecoica posibilita la extracción de diversas características sonoras a través de dos procesos: el primero es la *extracción de los rasgos (feature extraction),* en el que extraen las características acústicas del *input,* como la altura, el timbre, la duración y la intensidad, mediante un grupo de neuronas especializadas (Bharucha, 1999); el segundo proceso es el de la *conjunción perceptiva (perceptual binding),* que relaciona entre sí las características acústicas, creando un único evento auditivo que posee su propia coherencia interna (Bregman, 1990). Si consideramos el ejemplo de la escucha de una única nota musical, en la primera fase del proceso, la de la extracción perceptiva, nuestro oído extrae y codifica las características acústicas, como la altura, la duración, la intensidad y el timbre; en la segunda fase, la conjunción perceptiva, esas características se relacionan entre sí para permitir la percepción de un único evento que es el del sonido musical.

La información musical está constituida por una secuencia de notas musicales que tienen un carácter continuo. A través del mecanismo de agrupación es posible segmentar la información de entrada en unidades dotadas de significado (musical) y constituidas por múltiples elementos. Cuando los eventos se codifican en categorías relativamente diferenciadas, la información ya no posee un carácter continuo, aunque todavía puedan quedar secuencias continuas de datos incluso después del proceso de clasificación. La codificación de los elementos y la subdivisión en categorías diferenciadas reducen notablemente la cantidad de información de entrada. Eso podría producirse en varios niveles: las notas musicales individuales, los elementos rítmicos y melódicos, frases o piezas musicales, etcétera. Cada uno de esos niveles corresponde a una fase distinta en el proceso de memorización. Edelman, Gall, Cowan y sus colaboradores (1988) denominan a esto «categorización perceptiva», un proceso que permite reducir la cantidad de informaciones sensoriales continuas a un número más limitado de categorías.

A continuación las informaciones musicales se procesan en la memoria a corto plazo. Según el modelo tradicional, las informaciones pueden retenerse en esta fase de asimilación durante un plazo bastante breve (entre 3 y 5 segundos), y la capacidad del sistema es muy limitada (7 ± 2 elementos). No obstante, la cantidad de datos que se procesan en esta fase del sistema está condicionada por el mecanismo de agrupamiento *(chunking)* que permite la unión de varios elementos a un nivel superior, reduciendo así la cantidad de material en su conjunto.

Cuando se trata de estímulos musicales, el agrupamiento en la MCP se produce a un nivel rítmico y melódico. A través del proceso de categorización perceptiva se crean unas categorías o grupos melódicos y rítmicos. Las unidades de los grupos melódicos se definen sobre la base de las características de la variación de la distancia entre los tonos (intervalos), de la dirección de la melodía (contorno) o de ambas cosas, mientras que las unidades de los grupos rítmicos se definen por el cambio de la duración de los eventos musicales y del carácter de los acentos. Los grupos melódicos y rítmicos están constituidos, en general, por pocos elementos que se agrupan conforme a los principios de proximidad, semejanza y continuidad en el tiempo. Esa descripción de los procesos de memoria a corto plazo es la que más se resiente de la falta de estudios recientes en ese campo, y de la escasa atención de los investigadores a la hora de intentar relacionar los datos experimentales presentes en el ámbito más general de las investigaciones sobre la memoria con los modelos específicos relacionados con la memorización musical. En efecto, hace muchos años que se constata que el modelo de MCP, aunque explicativo en un plano general, no refleja fielmente los mecanismos de memoria utilizados en un proceso de percepción y asimilación de estímulos externos. ¿Por qué? En primer lugar, porque resulta imposible establecer con seguridad la duración de la permanencia de la información en ese sistema: entre 3 y 5 segundos es un plazo muy breve, pero todos nosotros tenemos experiencia de que la conservación temporal de la información puede durar un tiempo sustancialmente mayor. Si se nos pide que conservemos en nuestra memoria un número de teléfono al que tenemos que llamar al cabo de unas horas, probablemente lo conseguiremos, pero olvidaremos completamente el número después de la llamada; puede que hayan transcurrido unas cuantas horas, pero indudablemente todavía estamos hablando de una memoria temporal. En algunos casos esta memoria temporal puede durar incluso varios días, sin que después se produzca necesariamente una memorización a largo plazo. ¿Cómo se explica esto? Probablemente porque nuestra memoria a corto plazo funciona en estrecha relación con las características de la tarea que estamos llevando a cabo: conseguimos tener presentes eventos o informaciones durante todo el tiempo que nos resultan útiles para olvidarlos inmediatamente después. Sobre la base de esta observación, ya se ha consolidado el modelo de memoria a corto plazo, en el que el sistema de memoria se concibe como un conjunto de aspectos de memorización y procesamiento de los estímulos (el sistema denominado «memoria de trabajo»; Baddeley, 1986). Este sistema de memoria de trabajo también ha permitido clarificar algunos mecanismos de funcionamiento de una manera mucho más sofisticada que el modelo inicial de MCP de Atkinson y Shiffrin, y es posible conjeturar que en muchos casos esos mecanismos también se aplican a la información musical. Se constató que, por ejemplo en el caso de los estímulos verbales, que –como hemos visto– comparten numerosas características con los estímulos musicales, el proceso de memorización puede verse influido por la semejanza fonológica y por la cantidad de tiempo necesario para articular las palabras a memorizar (el efecto de la longitud de la palabra). Esos efectos también están presentes en el ámbito musical (Akiva-Kabiri *et al.,* 2009), en particular el efecto de la longitud y la velocidad de presentación, tanto respecto a la dimensión de la altura (memoria melódica) como a la de las duraciones (memoria rítmica). En efecto, distintos estudios han revelado una relación entre la capacidad de la memoria de trabajo verbal y la de la memoria de trabajo musical (normalmente melódica), mientras que ambas son parcialmente independientes de la memoria visoespacial (Hansen, Wallentin y Vuust, 2013). Además, ambos sistemas parecen involucrar la vía dorsal del cerebro, que implica no solo al sistema auditivo sino también al sistema motor (Schulze *et al.,* 2011). Efectivamente, la memoria verbal y la musical dependen de la capacidad del sistema de mantener activos los rastros, y ese mantenimiento es de tipo sensomotor (es decir, que para memorizar un número de teléfono o una melodía los repetimos mentalmente). A pesar de todo, no está claro hasta qué punto existe una única memoria de trabajo auditiva que englobe los estímulos verbales y musicales, o si por el contrario se trata de dos sistemas parcialmente separados. En efecto, los sujetos que padecen amusia tienen, además del trastorno perceptivo, también un trastorno de la memoria de trabajo para la melodía que no afecta a la memoria de trabajo verbal, lo que por consiguiente vendría a confirmar que existe cierta especificidad (Williamson y Stewart, 2010). Análogamente, hay estudios que han señalado la complejidad visual de la configuración y la cantidad de control motor (fino o basto) como las variables que influyen en nuestra capacidad de crear representaciones mentales de naturaleza visoespacial. También en este caso es lógico postular una semejanza para el ámbito musical, si bien siempre nos topamos con la misma escasez de investigaciones específicas.

La asimilación y la integración de esos estímulos procesados por la memoria a corto plazo o memoria de trabajo se producen tanto en el caso de la memorización de estímulos nuevos como en el caso bastante más frecuente de un reconocimiento de informaciones ya existentes. La frecuencia con la que se presenta este mecanismo de reconocimiento es tal que en la mayor parte de los casos impide que se realice de una forma consciente. Cuando caminamos por la calle reconocemos constantemente lo que vemos: un coche, un edificio, una determinada calle, etcétera. En cambio, son mucho más raros los casos en que efectivamente tenemos que memorizar informaciones nuevas, y eso realmente no está solo en función del tiempo durante el que hemos retenido las informaciones en la MCP (podemos mantener en la memoria un número de teléfono durante varios días y después olvidarlo completamente, mientras que podemos mantener durante toda la vida, sin ningún esfuerzo aparente, una única información que por alguna razón nos resulta interesante). Estos datos sugieren que los mecanismos vinculados a la verdadera memorización a largo plazo tienen que ver con la relevancia que atribuimos a las informaciones que pretendemos recordar, con el tipo de asimilación y transformación que llevamos a cabo sobre esos estímulos y con el valor emocional que esas informaciones tienen para nosotros.

En el caso de un reconocimiento, es decir, de una comparación entre el estímulo externo y las informaciones que ya tenemos en la memoria, en realidad el vínculo con la MLP es inconsciente. En el caso de la música, podemos postular que, tras los procesos de categorización y de agrupamiento en función de su semejanza y proximidad temporal, esos eventos activan otros similares que están almacenados en la MLP (conocimientos conceptuales o semánticos). La combinación de esos conocimientos con el estímulo perceptivo crea nuestra experiencia.

Así pues, el reconocimiento es un proceso automático de activación de las informaciones que están contenidas en la MLP y al mismo tiempo asociadas con el estímulo percibido. A su vez, esa asociación determina una pequeña modificación del contenido de la MLP, que se está reorganizando constantemente en función de los nuevos estímulos.

El proceso de agrupamiento y reorganización de la MLP se produce a un nivel de configuraciones musicales coherentes. Ese nivel subdivide la pieza musical en secciones que contienen varias frases musicales, que a su vez forman parte de una subdivisión de la pieza en estructuras más complejas, como, por ejemplo, el estribillo, la coda, el primer tiempo, el segundo tiempo, etcétera.

Para concluir, podemos afirmar que todos los procesos de la memoria contribuyen a crear la experiencia musical. La memoria ecoica y el proceso de asimilación precoz aportan una experiencia inmediata y consciente de la música y segmentan el *input* sonoro en unidades más manejables. La memoria a corto plazo, o memoria de trabajo, establece las continuidades y discontinuidades de los segmentos musicales con los inmediatamente anteriores. La memoria a largo plazo ofrece el contexto de referencia que contribuye a crear un significado a través de la conexión con un almacén de conocimiento y de experiencias previas.

3. Música y emociones

3.1. Las emociones: algunas definiciones

En la psicología contemporánea las emociones se consideran un proceso complejo de modificaciones entre las que se incluyen modificaciones fisiológicas, en los procesos cognitivos y en las reacciones conductuales, como respuesta a una situación que el sujeto percibe como importante para la conservación de su equilibrio y de su bienestar. En este sentido, las emociones se consideran sistemas complejos y multidimensionales que desempeñan un papel importante en la relación entre el individuo y su entorno, y que afectan al organismo y a la personalidad en múltiples niveles.

Las respuestas emocionales pueden ser de distintos tipos:

- fisiológicas (alteración de la frecuencia cardiaca y respiratoria, de la presión sanguínea, de la conductividad eléctrica de la piel, etcétera);

- motrices instrumentales (atacar, huir, gritar, etcétera);
- motrices expresivas (alteraciones de la mímica facial, de los gestos, de la voz, etcétera);
- respuestas que reflejan aspectos más íntimos y generalizados de la experiencia subjetiva (cambios de humor, modificaciones de las representaciones y de los significados internos).

En general, se hace una distinción entre las emociones primarias y las emociones complejas. De esa forma se pretende distinguir entre las emociones que tienen un papel importante desde el punto de vista evolutivo para la supervivencia de la especie, y que en cierta medida serían innatas (por ejemplo, el miedo), y las emociones que por el contrario son el resultado de la experiencia (por ejemplo, la melancolía).

La mayor parte de los estudios sobre las emociones se ha venido centrando en el reconocimiento de la emoción. Eso se debe básicamente a que en las situaciones de laboratorio resulta difícil inducir emociones reales, mientras que el estudio del reconocimiento es sencillo y puede controlarse bien en el plano experimental. Además, la mayoría de las veces dichos estudios utilizaban estímulos visuales estáticos, es decir, dibujos o fotografías. En ese contexto, no es de extrañar que el aspecto adaptativo de las emociones, en el sentido evolutivo, coincida con el reconocimiento de la emoción. En efecto, si yo veo que la persona que tengo delante está mirando por detrás de mí con una expresión de terror, mi reacción será darme la vuelta preparado para salir corriendo, y en ese sentido el reconocimiento de la emoción tiene indudablemente un valor adaptativo. Al mismo tiempo, el frío reconocimiento de la emoción está lejos de dar una visión exhaustiva de la problemática, y hasta ahora a los investigadores les ha costado mucho estudiar la verdadera experiencia de la emoción y comprender el tránsito del reconocimiento a la empatía, que es un paso fundamental.

Este breve paréntesis es importante cuando se pretende estudiar la relación entre la música y las emociones, ya que tenemos que ser conscientes de que la teoría de las emociones es esencialmente una teoría del reconocimiento de estímulos visuales. Con mayor motivo, el estudio de la música y de su vínculo con las emociones se vuelve interesante en la medida en que puede enriquecer el marco teórico sobre las emociones en general. Por ejemplo, sería importante comprender si las emociones inducidas por la música son las mismas que pueden inducir otros estímulos o situaciones. ¿Cómo se comunican esas emociones al oyente? ¿Y qué papel desempeña el músico? ¿De qué forma escuchar música modifica las respuestas fisiológicas de nuestro organismo? ¿Cuáles son las redes neuronales que procesan el contenido emocional de la música? ¿Esas redes son compartidas con la modalidad visual? ¿Y podemos decir que el valor adaptativo de la música reside en su capacidad de comunicar las emociones?

En este capítulo intentaremos aportar algunos indicios para responder a esas preguntas.

3.2. Las emociones en la música

Probablemente el estudio de las emociones en la psicología experimental y en las neurociencias es uno de los asuntos más difíciles. La razón principal es que un estudio de ese tipo no se presta al rigor y a la rigidez del laboratorio. Otro motivo de dicha dificultad es la importancia del contexto social, ausente en el laboratorio. Eso significa eliminar toda interacción entre el oyente y el músico, que justamente hace posible la creación del objeto musical completo. Escuchar una grabación es sin duda una fuente de emociones –de lo contrario, no se explicaría la venta de música grabada–, pero asistir a un concierto es claramente una experiencia muchísimo más intensa. Por último, ni siquiera vamos a tomar en consideración el problema de la estética, que es justamente una disciplina aparte, de la que sin embargo no es posible prescindir cuando se pretende abordar de forma completa un discurso sobre las emociones en la música. Cuando, por ejemplo, un crítico musical escribe pestes sobre el músico Mario Rossi, se trata de un juicio estético complejo que en parte excede lo que describimos en este capítulo. Tanto el crítico musical como el músico profesional son sensibles a las propiedades de la música, pero están fuertemente influidos por una escuela de pensamiento que afirma que una determinada pieza debe ejecutarse de una forma y no de otra. Al cambiar de escuela, se cambia de estilo. A veces la importancia que se concede a la praxis de la ejecución llega a ser tan grande que todo lo demás pasa a un segundo plano. En otras palabras, puede ocurrir que gran parte de la atención del oyente se centre en la praxis de la ejecución más que en el objeto sonoro y musical. Eso nos lleva a la problemática de la subjetividad en la escucha. Si en el plano perceptivo podríamos afirmar, dentro de ciertos límites, que hay una gran semejanza entre la forma en que distintos individuos perciben una música determinada, en el plano emocional se hace difícil una afirmación de ese tipo. Veremos que distintos individuos están de acuerdo a la hora de atribuir unas emociones concretas a una pieza musical, pero eso no dice gran cosa respecto a su respuesta emocional y a una escucha precisa. La historia individual, con sus correspondientes experiencias y cultura, y el estado emocional en un momento determinado (ayer estaba triste, hoy estoy alegre) dificultan enormemente el estudio de las emociones en la música, aunque de todas formas esa cuestión siga siendo uno de los temas más fascinantes de la psicología de la música.

3.2.1. Dimensiones de las emociones en la música

Resulta difícil clasificar las emociones. Si le enseñamos a alguien doscientas fotografías y le pedimos que las agrupe conforme a un criterio emocional, obtenemos una distribución que en gran parte puede explicarse en función de dos dimensiones: el valor (negativo o positivo) y la intensidad o *arousal* (baja o alta). Las emociones positivas se asocian con una actitud de acercamiento, mientras que las emociones negativas se asocian con una actitud de retraimiento. Sin embargo, esos modelos se desarrollaron sin una referencia específica a los estímulos musicales. Parece acertado preguntarse si ese modelo de dos dimensiones también puede explicar las emociones en la música. Bigand y sus colaboradores (Bigand, Filipic y Lalitte, 2005) seleccionaron un gran número de piezas con distintas connotaciones emocionales y posteriormente se las hicieron escuchar a algunos sujetos, a los que les pidieron que las agruparan según su afinidad emocional. Los resultados revelan que la mayoría de los sujetos utiliza un sistema de agrupamiento basado en las dos dimensiones del valor y el *arousal*. Otros estudios han demostrado que la identificación de la connotación emocional de una pieza se produce en un tiempo muy breve, inferior a un segundo. Como veremos a continuación, al considerar la relación entre música y emociones es necesario adoptar un enfoque que tenga en cuenta la evolución temporal de la música, lo que implica constantes cambios en el estado emocional del oyente. Las conclusiones de dichos estudios no implican que la pieza nos transmita todas las emociones en menos de un segundo, sino simplemente que la connotación musical de una pieza musical a menudo está presente desde el principio (en sus características tímbricas, no estructurales), que es percibida de una forma similar por distintos individuos y que tiene lugar sin esfuerzo y de modo automático. Llegados a este punto, se nos antoja interesante preguntarnos cómo se transmiten las emociones en la música.

3.2.2. De la música a la emoción

Los aspectos de la música que nos llevan a sentir una emoción son diversos. Empecemos por la estructura de la pieza musical. En efecto, existe una relación entre la intensidad y las cualidades de las emociones experimentadas y la estructura de la pieza musical. Esa relación permite explicar cómo una pieza que al principio nos da una sensación de calma después se vuelve alegre, para concluir con un tono melancólico.

Entre los distintos factores estructurales que desempeñan un papel en la expresión de la emoción en la música, el tempo parece ocupar un lugar privilegiado. No es casual que algunas de las indicaciones que utilizan los compositores para marcar el tempo al que hay que interpretar una determinada obra tengan una connotación emocional (por ejemplo *allegro, vivace)*. Un tempo rápido modifica considerablemente la dimensión del *arousal,* ya que tiene una connotación de *arousal* intenso. También el modo* desempeña un papel importante, algo ya sabido desde la antigüedad. En efecto, los griegos utilizaban distintos modos, cada uno de los cuales llevaba el nombre de un pueblo (por ejemplo, lidio, corintio, frigio), y dependiendo del pueblo asumía una connotación de carácter bien definida. En el sistema tonal occidental, los modos mayor y menor, a los que los niños de siete años ya son sensibles, tienen una gran influencia en la dimensión del valor, un sistema en que el modo mayor tiene una connotación positiva y el modo menor negativa. Estas consideraciones no deben interpretarse como condiciones necesarias para la materialización de una emoción. Por ejemplo, el último movimiento de la Suite orquestal n.º 2 de J. S. Bach, aunque fue escrito en tono menor, resulta alegre (como sugiere su título, *Badinerie,* es decir, *scherzo,* broma). Otro factor importante parece ser el timbre de los instrumentos, que obviamente depende del registro (agudo, medio o grave) en el que suenan. En efecto, la duración del ataque y la estructura de los armónicos pueden hacer que un sonido resulte más o menos agradable. También la complejidad armónica y rítmica de una pieza desempeña un papel importante. Y no es casual que las músicas demasiado disonantes, o con ritmos no regulares, como ocurre a menudo en la música contemporánea, tengan una connotación negativa y desagradable.

En ese punto podríamos preguntarnos si estas propiedades estructurales de la música son específicas de ese medio o también se pueden encontrar en otros ámbitos. Si bien nos parece difícil encontrar analogías para algunas de ellas, como la complejidad armónica, para otras existen marcadas semejanzas. Por ejemplo, el tempo musical podría traducirse en la percepción del movimiento en el mundo visual. Y no es casual que el movimiento rápido a menudo sea sinónimo de vitalidad y alegría. Por consiguiente, una música rápida y sonora tendría unas características similares a las de los eventos con un alto nivel de energía, y por consiguiente sugeriría emociones con un alto nivel de *arousal*. Incluso las propiedades del timbre parecen no ser específicas de la música. En efecto, una serie de estudios ha demostrado que la connotación emocional del timbre en la música tiene su equivalente en la voz humana. En otras palabras, los mismos parámetros modificados en un sonido musical o en la voz inducen unos cambios muy parecidos en la connotación emocional.

La música se desarrolla en el plano temporal. Eso la hace particularmente imprevisible, dado que en un determinado instante no hay forma de saber lo que ocurrirá en el instante siguiente. La curiosidad, la necesidad de descubrir unas reglas o tal vez el miedo a lo imprevisible nos llevan a generar expectativas. Por consiguiente, en realidad, en cada instante se genera una expectativa o, mejor dicho, un conjunto de expectativas para el instante siguiente. Cada expectativa es más o menos probable, y depende de distintos niveles de análisis y de todos los eventos que ya se han producido, en función de los cuales la música transgrede o confirma la regla. Desde luego el modelo no es de los más simples, y aquí no intentaremos definirlo con mayor precisión. A nosotros nos parece que la cuestión importante es la hipótesis de que, en música, la expectativa está fuertemente vinculada a la emoción (Meyer, 1956), y que dicha expectativa es el fruto de una elaboración no consciente. En efecto, si la elaboración de la expectativa fuera un proceso consciente, difícilmente podríamos explicar el hecho de que todo el mundo siente emociones tras escuchar una pieza varias veces, pues tras la tercera audición lo imprevisible habría desaparecido. Ahora bien, eso dista mucho de ser cierto. Es más, suele ocurrir que las piezas que más nos emocionan son las que mejor conocemos. Jackendoff (1990) planteaba la hipótesis de que el análisis de las estructuras musicales que generan la expectativa se lleva a cabo desde un módulo al que no tenemos acceso consciente. De esa forma, cada vez que se escucha una pieza, estaríamos recalculando las expectativas, y su confirmación o no confirmación determinaría en parte el aspecto emocional de la pieza.

Si hasta ahora hemos hablado sobre todo de las emociones como propiedades intrínsecas a la música, y por consiguiente en cierto sentido independientes de nuestra conciencia y nuestra historia personal, lo cierto es que una parte importante de la emoción en la música depende del exterior, es decir, de la experiencia y del conocimiento. Una música puede estar vinculada a un acontecimiento importante en nuestra vida, como haber conocido a una persona a la que queremos. Otra música pudo ser durante un tiempo nuestra preferida, y la escuchábamos una y otra vez. Otras veces la asociación será con una película, o incluso con un anuncio («la música de los pañales Pampers»). Por último, a menudo la música se asocia con distintos ideales, y se utiliza a menudo justamente para que se cree un vínculo emocional fuerte entre el oyente y el ideal que se pretende destacar. Basta con pensar en la instrumentalización de la música de Wagner durante la Segunda Guerra Mundial por parte del régimen nazi, pero también en los cantos de los partisanos o en los distintos himnos nacionales.

Juslin y Västfjäll (2008) proponen seis mecanismos que explicarían de qué forma la música (aunque también otros estímulos) podría inducir las emociones: 1) un procesamiento subcortical vinculado a los fenómenos físicos (como por ejemplo la disonancia o un sonido demasiado fuerte); 2) el condicionamiento (es decir, el hecho de que una determinada pieza esté asociada a una emoción positiva o negativa); 3) el contagio (es decir, el hecho de que las percepciones se transforman en sentimientos a través de un proceso de evaluación cognitiva); 4) la imagen visual *(visual imagery,* es decir, que las imágenes evocadas por la música actuarían como catalizadoras de las emociones); 5) la memoria episódica (una pieza está asociada a un acontecimiento en particular, que a su vez está asociado a una emoción); y 6) si las expectativas musicales se ven realizadas o no (cfr. Meyer, 1956; Jackendoff, 1990).

En este punto podríamos preguntarnos por qué la música tiene un impacto emocional tan alto. La psicología de la música todavía no tiene una respuesta clara a esta pregunta. En el plano teórico podríamos decir que tal vez la gran fuerza de la música reside en su casi total ausencia de significado denotativo. Como ya hemos explicado en el apartado 2.5 sobre música y lenguaje, la música no tiene un referente semántico concreto. No existe ninguna relación definida entre una pieza musical y la realidad no musical. Al mismo tiempo, una de las características del ser humano es intentar siempre atribuirle un sentido a las cosas. Por tanto, cuando escuchamos música, es posible que el sentido que más se presta a vincularse con ella sea un sentido emocional. En ese aspecto, la música es un objeto representacional abierto, es decir, un contenedor de representaciones no definidas. Si bien la música-contenedor está definida en sus características estructurales/musicales, el contenido dista mucho de estar determinado por la estructura. Por consiguiente, el oyente tiene la posibilidad de «llenar» el contenedor de la música con las emociones del momento, y estas se fijan en la medida en que se convierten en parte del sentido de esa determinada música.

3.2.3. Respuestas fisiológicas a estímulos musicales

En un plano diferente, pero no irreconciliable con lo que acabamos de decir, una respuesta a por qué la música tiene un impacto emocional tan alto podría venir de los estudios sobre los efectos fisiológicos de escuchar música. La respuesta emocional tiene efectos por todo el cuerpo: la tensión muscular, la frecuencia respiratoria y cardiaca, la sudoración, la actividad gástrica, la producción de hormonas, etcétera. Distintos estudios se han interesado por el efecto de la música en el sistema nervioso autónomo (SNA, encargado del control fisiológico de las funciones que acabamos de mencionar). Si bien los datos no siempre concuerdan, lo cierto es que la mayoría de esos estudios han evidenciado que escuchar música tiene efectos sobre distintas funciones del SNA.

Probablemente el indicador más estudiado es el pulso. Distintos estudios han revelado que la frecuencia cardiaca puede verse alterada por efecto de la música. Las músicas rápidas y alegres tenderán a aumentar la frecuencia cardiaca, mientras que las músicas tristes o tranquilas tenderán a reducirla. Se obtienen efectos parecidos sobre el ritmo respiratorio, aunque con datos un poco menos claros. También la tensión muscular, habitualmente medida en los músculos cigomático y corrugador del ojo, se ve afectada por la dimensión del *arousal* musical. Por el contrario, la actividad gástrica aumenta con las melodías tranquilas y disminuye con las melodías estresantes y agitadas (es decir, un tanto indigestas...). Un nuevo filón de estudios parece revelar la sensibilidad de la respuesta electrodérmica (sudoración de la piel), no solo respecto a la magnitud del *arousal,* sino también a la del valor. Por último, estudios recientes han puesto de manifiesto el importante efecto de la música en la reducción de la secreción de cortisol, una hormona relacionada, entre otras cosas, con el estrés.

Estos estudios demuestran en qué medida la música, sobre todo por su capacidad de modificar el *arousal,* es un canal importante en las variaciones del funcionamiento del sistema nervioso autónomo. Las variaciones del SNA influyen de una forma sustancial en nuestro modo de sentir las emociones. En efecto, el cerebro procesa las informaciones periféricas del SNA e interpreta los distintos cambios, alimentando así el circuito emocional. Por consiguiente, si la música es un canal preferente en la modificación del funcionamiento del SNA, eso la sitúa en una posición de privilegio en lo referente a la inducción de las emociones.

A ese respecto, nos parece interesante mencionar el caso de las personas que no experimentan placer al escuchar música. Dichos individuos no sufren ningún déficit perceptivo, y de hecho pueden experimentar placer con otras actividades (la comida, el sexo, los juegos de azar), y tampoco padecen depresión ni otros trastornos aparentes (Mas-Herrero *et al.,* 2014). Así pues, da la impresión de que existe una forma de anhedonia específicamente musical que podría explicarse por el hecho de que el placer evocado por la música requiere no solo un sistema de placer y de recompensa funcional, sino también una conexión eficaz entre dicho sistema (subcortical) y un sistema más perceptivo y cognitivo. Por consiguiente, el problema de la anhedonia musical podría residir en una deficiente conexión entre los dos sistemas, pero esa hipótesis por el momento sigue pendiente de confirmación.

3.2.4. ¿Especialización cerebral?

Otra respuesta a por qué la música tiene un impacto emocional tan alto podría venir de los estudios sobre el funcionamiento cerebral. Algunos investigadores han intentado confirmar la existencia de circuitos especializados en la asimilación de las emociones musicales, dado que ello podría explicar en parte el estatus privilegiado de la música. Por el momento no hay datos lo bastante consistentes como para poder sacar conclusiones. Algunos estudios han revelado una especialización del hemisferio derecho para el procesamiento de las emociones musicales. Otros han detectado una especialización de los hemisferios, con un predominio de la corteza frontal izquierda para la asimilación de piezas alegres y felices y de la corteza frontal derecha para el procesamiento de las piezas musicales tristes e inquietantes. Otros estudios han mostrado que las redes neuronales para el procesamiento de las emociones de los estímulos visuales y musicales son parecidas, y afectan de modo particular a la amígdala y a las estructuras paralímbicas y orbitofrontales, pero esa cartografía de las áreas cerebrales no nos permite avanzar demasiado en la comprensión de las emociones musicales. Más que nada, viene a demostrar que las emociones musicales ponen en marcha un circuito neuronal parecido al que se ha descrito para las emociones evocadas por otras actividades.

Recientemente se ha planteado la hipótesis de que la codificación por parte del sistema dopaminérgico de los estímulos musicales es la base del efecto positivo de recompensa que evoca la experiencia musical (Salimpoor *et al.,* 2015). Efectivamente, distintos estudios han demostrado que la música actúa como una forma de recompensa respecto a la realización de las expectativas que tenemos de ella (en cierto sentido, el placer de poder predecir el futuro). Otros estudios han revelado que se segrega dopamina cuando se oyen los sonidos esperados, y que su segregación está vinculada al sentido de anticipación y a la intensidad del placer suscitado. La piel de gallina que en ocasiones puede experimentarse al escuchar una pieza apreciada, pero también una pieza nueva, en la medida en que confirma o incumple las predicciones del oyente, se produce constantemente al escuchar música. En otras palabras, el sistema dopaminérgico parece desempeñar un doble papel: en el deseo y la anticipación de eventos musicales esperados (con músicas conocidas) y en la predicción (positiva) de eventos no familiares.

3.2.5. Aspectos evolutivos de las emociones musicales

Para concluir, una última respuesta a por qué la música tiene un impacto emotivo tan alto nos llega de las teorías de la evolución. Existen tres explicaciones principales sobre el valor evolutivo de la música. El propio Darwin proponía que la música tiene un papel importante en la atracción de la pareja. Más allá del hecho de que a menudo las estrellas del pop también se conviertan en *sex symbols,* esa teoría no ha tenido demasiados seguidores. La teoría más comúnmente aceptada sostiene que la música ayuda a fomentar la cohesión del grupo. No es este el lugar para exponer dicha teoría, y remitimos a los lectores que estén interesados a los manuales de etnomusicología. Por último, la tercera teoría, sobre la que nos detendremos un poco más, postula un papel adaptativo de la música respecto a la relación de la madre con el recién nacido. En efecto, distintos estudios han revelado que la música desempeña un importante papel en la comunicación de las emociones entre el niño y la persona que lo cuida y en la regulación del estado emocional del pequeño. No es casual que los que los cuidan hablen a los recién nacidos de una forma enfática, denominada *baby talk* o *motherese,* que hace un uso intensivo de la prosodia y en cierto sentido se parece al canto. Como hemos mencionado anteriormente, los recién nacidos parecen sentir una atracción especial por el canto que se les dirige, y mantienen la atención durante más tiempo cuando sus madres cantan o utilizan el *baby talk* que cuando les hablan de forma normal. Así pues, no solo da la impresión de que los recién nacidos aprecian el carácter enfático del canto y del *baby talk,* sino que eso indudablemente permite que aquellos que se encargan de ellos transmitan mejor sus emociones y controlen en parte el nivel de *arousal* del bebé. En otras palabras, gracias a las propiedades que acabamos de describir, los que los cuidan pueden cantar una nana para tranquilizar al bebé o una canción para reactivar su atención, y pueden generalizar esas propiedades también al *baby talk.* Eso sugiere que la música se utiliza en un contexto de expresión y regulación emocional, y que el canto y el lenguaje dirigidos a los bebés tienen una función adaptativa de desarrollo. De esa forma, la música contribuiría al aprendizaje de la interacción social y de la autorregulación antes de que el niño sea capaz de comprender el lenguaje verbal.

3.2.6. Psicología de la música y musicoterapia

En este punto puede resultar interesante dar algunos apuntes sobre cómo los estudios de psicología y neurociencias de la música descritos hasta ahora pueden tener un impacto sobre la musicoterapia, una disciplina emergente que está cosechando un éxito cada vez mayor, no solo en Italia sino en todo el mundo. Su aportación es de dos tipos distintos. En primer lugar, los estudios publicados atestiguan la posible eficacia de la musicoterapia. En segundo lugar, a través de dichos estudios empieza a entreverse la forma de mejorar las técnicas de musicoterapia existentes sobre unas bases científicas sólidas.

Premisas para la musicoterapia

Los estudios descritos en este libro muestran claramente que la música es una función compleja que involucra y estimula grandes redes neuronales. Además, la música es accesible para todos, por lo menos como oyentes, y comprensible incluso para los niños pequeños sin el mínimo esfuerzo. Por añadidura, aparentemente la práctica de la música puede modificar dentro de ciertos límites las conexiones cerebrales y asimismo mejorar algunas capacidades no musicales. En efecto, si bien algunas funciones necesarias para la comprensión y la producción de la música son en parte específicas, otras parecen ser compartidas con distintas funciones, por ejemplo con el lenguaje.

Y además, estudiar música permite desarrollar la memoria, la atención, la capacidad de interacción, la coordinación motriz y otras funciones que son comunes a numerosas actividades humanas. Por último, la música es un canal privilegiado para transmitir emociones de una forma eficaz y al mismo tiempo sencilla. Nos parecen buenas razones para pensar que la música puede utilizarse en un ámbito terapéutico en distintos casos: trastornos del aprendizaje, trastornos de la emoción, rehabilitación en algunos tipos de déficits auditivos centrales, trastornos del comportamiento social y algunas formas de patologías psíquicas.

Mejorar las técnicas de musicoterapia

Podemos incluso ir más allá de esas afirmaciones diciendo que los estudios de psicología y neurociencias de la música aportan sugerencias sobre cómo orientar la terapia. Por ejemplo, es probable que las terapias que utilizan la escucha pasiva de la música sean poco eficaces, y que su eficacia sea limitada en el tiempo, tal y como hemos mostrado en el apartado sobre los efectos no musicales (apartado 2.2). Las terapias que utilizan la música en un ámbito de rehabilitación también pueden remitirse a los estudios sobre la comparación entre música y lenguaje, que muestran cuáles son los aspectos comunes y, por tanto, potencialmente transferibles de uno a otro. Además de señalar los posibles itinerarios más ventajosos, la psicología en general, y la psicología de la música en particular, ilustra también distintas metodologías para contrastar las hipótesis. En algunos casos esas metodologías podrán utilizarse para comprobar la mayor o menor eficacia de una terapia. Ello podría incluso dar lugar a una deseable colaboración del ámbito de la investigación básica con el ámbito clínico musicoterapéutico, dejando a un lado el orgullo y los prejuicios de ambos para gran beneficio del paciente y de la ciencia.

Por último, esperamos haber disipado en parte algunos mitos sobre la música, como por ejemplo su capacidad de hacernos más inteligentes (cfr. el apartado 2.2.1 sobre el «efecto Mozart») o de «potenciar» el hemisferio derecho. Todas las terapias basadas en estas hipótesis que han demostrado ser falsas precisan una revisión teórica total. No obstante, eso no quiere decir que no puedan existir modalidades de musicoterapia basadas principalmente en sus propiedades emocionales, ignorando los otros aspectos más cognitivos. En efecto, el humor y la motivación del paciente son indudablemente puntos clave para su bienestar general.

4. La música y el cerebro: las neurociencias cognitivas de la música

4.1. Las bases cerebrales de la música

Las neurociencias cognitivas permiten estudiar la arquitectura anatomo-funcional de los procesos mentales (cognitivos). Utilizando unos protocolos experimentales adecuados, es posible validar los modelos neurocognitivos. En este capítulo describiremos el enfoque neuropsicológico y los resultados de algunos estudios que utilizan las nuevas tecnologías de neuroimagen.

4.1.1. El predominio de los hemisferios en la música

Mucha gente habrá oído hablar de la dicotomía de los hemisferios derecho e izquierdo, que dice que la música se procesa en el hemisferio derecho y el lenguaje en el izquierdo. A continuación vamos a ver que, por el contrario, tal subdivisión no es en absoluto nítida. Antes de la aparición de las técnicas de neuroimagen, que nos permiten medir una actividad cerebral, los conocimientos sobre la lateralización y la localización de las funciones cerebrales estaban vinculados al estudio de los pacientes con algún tipo de lesión cerebral. La única otra técnica, muy difundida, que permite el estudio de sujetos normales es la técnica de la *escucha dicótica*. Con dicha técnica se presentan simultáneamente dos estímulos distintos, por ejemplo dos notas o dos sílabas, a cada uno de los oídos. A continuación se le pide al sujeto que repita lo que ha oído y se valora si reproduce de forma sistemática las sílabas o las notas escuchadas por un oído. En la mayoría de los casos, cuando se utilizan las sílabas, el sujeto reproducirá las sílabas presentadas en el lado derecho. La explicación que se da de esta lateralización es que la vía cruzada, es decir, la que va del oído derecho al hemisferio izquierdo, es prioritaria respecto a la vía ipsilateral, del oído derecho al hemisferio derecho. De hecho, esta última quedaría bloqueada durante un breve instante en favor de la vía cruzada. Por consiguiente, los estímulos auditivos que generan una ventaja del oído derecho (por ejemplo, las sílabas) indican una superioridad del hemisferio izquierdo en su procesamiento, y viceversa, los estímulos que generan una ventaja del oído izquierdo indican una superioridad del hemisferio derecho.

Los primeros estudios realizados con la técnica de la escucha dicótica con estímulos musicales han revelado un predominio del hemisferio derecho para el reconocimiento de las melodías. Fueron esos estudios los que divulgaron la idea de que el lenguaje estaba lateralizado a la izquierda y la música a la derecha. Sin embargo, estudios posteriores revelaron que, si los estímulos utilizados eran sílabas cantadas, la preferencia pasaba del oído derecho al izquierdo. Otros estudios se interesaron por la percepción de la altura y del timbre, con unos resultados que revelan una preferencia del oído izquierdo (hemisferio derecho), pero los datos no siempre concuerdan entre sí, y no cabe duda de que la hipótesis de una dicotomía de tipo «lenguaje a la izquierda y música a la derecha» ha demostrado ser demasiado simplista.

Un factor importante a la hora de determinar la especialización de los hemisferios parece ser el nivel del conocimiento musical de los sujetos. Bever y Chiarello (1974) demostraron que, en una tarea que exige identificar una secuencia de dos notas, los sujetos sin una competencia musical específica presentan una superioridad del hemisferio derecho, mientras que los sujetos con formación musical presentan una superioridad del hemisferio izquierdo, como también lo confirma el estudio de Proverbio y sus colaboradores (Proverbio, Orlandi y Pisanu, 2016) sobre la capacidad de análisis tonal en músicos expertos. Los autores consideraban que ese resultado es una consecuencia de la estrategia adoptada. En particular, los sujetos sin formación musical supuestamente escuchan la música de un modo global, mientras que los sujetos músicos la escucharían de forma analítica. La dicotomía «analítico-global» corresponde a las distintas modalidades de procesamiento de los dos hemisferios: el hemisferio izquierdo es analítico, mientras que el hemisferio derecho procesa la información de forma más global. En otras palabras, eso parece querer indicar que la atención tiene un papel determinante en los resultados de esos estudios. En efecto, el uso de una estrategia de escucha permite enfocar la atención en un aspecto del estímulo musical más que en otro, y eso induce necesariamente una modificación de las bases neuronales implicadas. En este caso, el predominio de un hemisferio ya no es respecto al procesamiento de un determinado tipo de estímulo (por ejemplo la música frente al lenguaje), sino más bien respecto a lo que se pretende hacer con el estímulo. En un reciente estudio de neuroimagen hemos mostrado que ambos hemisferios, y de forma particular la corteza temporal, se implican con los estímulos lingüísticos y musicales cuando la tarea a realizar con esos distintos estímulos es la misma (Schön *et al.*, 2010a). La importancia de las características de la tarea se evidencia también en el estudio de Perani *et al.* (2010), donde, junto al papel de la experiencia prenatal, se constata que algunas manifestaciones de especialización de los hemisferios para la experiencia musical ya están presentes en el niño al nacer.

4.1.2. ¿Modular o no modular?

El término «música» no representa una simple estructura acústica, sino que es una experiencia subjetiva compleja, basada en un conjunto de capacidades mentales y que precisa distintas funciones perceptivas y cognitivas. En algunos casos dichas funciones pueden influirse mutuamente, y en otros pueden ser independientes. Para la comprensión del funcionamiento de la mente y del cerebro, el conocimiento de la independencia o de la interacción de dos funciones cognitivas resulta primordial. No es casual que una de las teorías más importantes en el ámbito de las ciencias cognitivas sea la teoría de la modularidad, que postula la posibilidad de que el cerebro esté en parte organizado en módulos separados y especializados. La teoría de la modularidad, gracias a la sencillez de su visión de la organización cerebral, ha conseguido una popularidad increíble en el ámbito de las neurociencias, y el estudio de la música no es una excepción.

Una prueba de que la música puede tener una representación funcional y anatómica específica podría consistir en la existencia de casos de un daño o de una conservación selectiva de esa capacidad. En la edad del desarrollo, el fenómeno del *idiot savant* es ejemplo de un caso en que un trastorno cerebral congénito puede provocar en un individuo un nivel más o menos grave de retraso mental, pero dejando intacta la capacidad musical. En los sujetos adultos, una lesión cerebral sobrevenida puede dañar o dejar intactas las capacidades musicales de forma selectiva. Estas observaciones permiten aislar la capacidad de procesamiento cognitivo de la música, tanto desde el punto de vista funcional como desde el punto de vista neuroanatómico, respecto a las demás capacidades cognitivas. Los primeros datos a favor de la modularidad o la especialización cerebral para la música proceden de los estudios sobre pacientes con lesiones cerebrales. Un caso famoso es el del compositor ruso Vissarion Shebalin, que sufrió una hemorragia en el hemisferio derecho del cerebro (Luria, Tsvetkova y Futer, 1965). Eso le provocó una parálisis temporal del lado derecho del cuerpo y un trastorno lingüístico grave (afasia) que le impidió hablar y comprender durante el resto de su vida. A pesar de esas dificultades, Shebalin siguió trabajando como compositor y como docente de música. A pesar de su grave afasia, no solo logró terminar las composiciones ya empezadas, sino que compuso otras 14 obras corales, dos sonatas, dos cuartetos para cuerda, una sinfonía y otras piezas. Según Shostakóvich, uno de los grandes compositores rusos de la misma época, las nuevas composiciones de Shebalin no diferían sustancialmente, por su nivel, de las que había escrito antes de su enfermedad. La autopsia de Shebalin reveló unos daños generalizados en el lóbulo temporal y en el lóbulo parietal del hemisferio izquierdo, una lesión que la mayoría de las veces provoca un trastorno afásico. Así pues, el caso de Shebalin es un caso de afasia sin amusia, es decir, un trastorno lingüístico sin trastorno musical. Su caso no es el único que se ha descrito en la literatura (Basso y Capitani, 1985).

Otro caso famoso es el de la paciente I. R., descrito por Peretz, Belleville y Fontaine (1997). I. R. era gerente de un restaurante, y una mujer absolutamente normal. A la edad de 28 años tuvo que someterse a una serie de operaciones quirúrgicas a causa de la rotura de un aneurisma de la arteria cerebral media en el hemisferio derecho. A raíz de la intervención, la paciente quedó con dos extensas lesiones cerebrales que abarcaban la corteza auditiva de ambos lados y las áreas frontales del hemisferio derecho. A pesar de esas lesiones, el funcionamiento intelectivo, lingüístico y de memoria de I. R. quedó indemne. De hecho, pudo seguir escribiendo poesía. La única discapacidad importante de I. R. parecía ser su incapacidad de reconocer las piezas musicales que le eran familiares antes de la lesión. Además, la paciente no pudo volver a cantar afinada, ni a aprender piezas musicales, cosa que acostumbraba a hacer antes de la intervención. I. R. es un caso ejemplar de amusia sin afasia, justo lo contrario que Vissarion Shebalin. De este déficit también existen otras descripciones en la literatura, si bien son muy escasas (Peretz *et al.,* 1994; Griffiths *et al.,* 1997; Piccirilli, Sciarma y Luzzi, 2000).

Nos encontramos ante lo que en la jerga de nuestro oficio se denomina «doble disociación»: es decir, el hecho de que una función X esté dañada mientras que otra función Y se mantiene en un sujeto o población A, y que se observe la configuración inversa en un sujeto o población B, se interpreta la mayoría de las veces como la demostración de la existencia de dos sistemas funcionalmente aislados y específicos para las dos funciones cognitivas X e Y. No nos vamos a adentrar en los detalles teóricos del problema, pero consideramos importante interpretar con cautela la doble disociación.

Por ejemplo, los casos de disociaciones descritos más arriba parecerían indicar que existe una especialización cerebral y funcional para la música (y para el lenguaje). El caso de I. R. vendría a demostrar que existen circuitos neuronales especializados para el procesamiento musical, y que pueden verse dañados selectivamente, mientras que el caso del compositor Shebalin vendría a demostrar que esos mismos circuitos pueden conservarse intactos de forma selectiva. Por desgracia, las cosas no son tan sencillas.

Más allá del hecho de que algunas descripciones de los casos (sobre todo las más antiguas) son de tipo anecdótico, a menudo los test musicales que se utilizan son poco sensibles, improvisados o incluso no se practican. Por ejemplo, en el caso de Shebalin, sabemos que fue capaz de componer, pero no sabemos si era capaz de percibir la música o de tocar como antes del incidente vascular. Además, a un músico de su talla habría que haberle sometido a unos test musicales sumamente sensibles y complejos, pero su caso fue estudiado sobre todo por neurólogos que no sabían nada de música. Por consiguiente, podría darse perfectamente el caso de que Shebalin en realidad sufriera también un trastorno en la percepción o la producción exacta de configuraciones rítmicas, sin que los neurólogos se dieran cuenta. ¡Al fin y al cabo, Beethoven siguió componiendo a pesar de que se había quedado totalmente sordo!

Otro problema a la hora de interpretar estos déficits en un cuadro modular es considerar la música como un todo indisoluble. Como ya hemos dicho varias veces, no existe algo así como una función cognitiva musical o lingüística, y tampoco es posible considerar las funciones cognitivas complejas como módulos, pero se hace necesario descomponerlas en funciones básicas. En este punto se plantea un problema teórico importante: ¿cuáles son esas funciones básicas? ¿Qué requiere la música? De la misma forma que para los estudios sobre el lenguaje el marco teórico empleado ha sido el de la lingüística, el marco teórico utilizado para llevar a cabo la división de la música en subcomponentes ha sido el de la musicología. Aunque ese marco de referencia podría ser correcto, nada nos dice que tenga una realidad fisiológica. En efecto, conceptos como armonía, melodía, métrica o ritmo, que son conceptos musicológicos, podrían no tener ningún correlato biológico concreto. En otras palabras, nadie nos asegura que exista un módulo en el cerebro que se ocupe del análisis armónico. Hasta ahora los intentos de ir más allá de ese marco de referencia han sido escasos, y tan solo en los últimos años se empieza a vislumbrar la forma de interpretar la música en un marco perceptivo cognitivo que permita descomponerla en operaciones cognitivas fundamentales que vayan más allá del ámbito musicológico. Si nos hemos explayado sobre esta cuestión teórica es porque tiene una importancia fundamental. En efecto, si la teoría de partida no es correcta y válida desde un punto de vista biológico, la interpretación de los datos carece totalmente de sentido.

En cualquier caso, el enfoque modular ha sido aplicado al estudio de la música utilizando los componentes musicales descritos por la musicología, y ello ha dado lugar a un fraccionamiento de las distintas funciones musicales. En algunos casos los déficits son especialmente interesantes. Por ejemplo, Peretz (1993) describe el caso de un paciente, G. L., que ya no era capaz de procesar los sonidos en un marco tonal. G. L. ya no podía juzgar si la nota más previsible de una melodía, es decir, la última, era coherente (tónica) o no (supertónica) con el contexto. Y eso a pesar de que era capaz de procesar el contorno melódico y la amplitud de los intervalos musicales. Además, G. L. no sufría ningún trastorno de procesamiento de la dimensión temporal (por ejemplo, el ritmo). En el marco teórico descrito más arriba, ese trastorno puede interpretarse como la existencia de un módulo específico del procesamiento de la tonalidad en la música. En este punto es interesante señalar que, una vez que entramos en el sistema musical para fragmentarlo, el problema de la modularidad de las funciones complejas que hemos mencionado se traslada al nivel de los subcomponentes que hemos identificado. Es decir, si el interés del estudio sobre Shebalin consistía en evaluar si la música y el lenguaje eran modulares (independientes), ahora se plantea la misma pregunta al nivel de los distintos subcomponentes musicales.

Los estudios realizados con pacientes con algún tipo de lesión cerebral tienen una marcada propensión a confirmar la hipótesis de la especificidad de la facultad musical y de su estructura jerárquica y modular. Sin embargo, es necesario clarificar la naturaleza de las funciones postuladas y delinear el nivel de su autonomía.

4.1.3. Más neuropsicología de la música

Cada día, en casa, por la calle o en el trabajo, oímos música de una forma casual. En cuestión de fracciones de segundo somos capaces de decir si conocemos la pieza o no. Además, somos capaces de tararear la obra, y a veces también de recuperar información relativa a ella, como el título, el autor, el estilo, etcétera. Si además la pieza es una canción, no solo somos capaces de entonar su melodía, sino también de cantarla con su letra exacta. A pesar de que todo esto sucede con suma facilidad, y en parte de modo automático, los mecanismos cerebrales que están en la base de todas esas operaciones no son en absoluto evidentes.

Peretz y Coltheart (2003) describen un modelo para el reconocimiento de la música. En dicho modelo, el *input* es analizado por dos sistemas paralelos que se consideran independientes. Los dos sistemas procesan por separado las informaciones necesarias para realizar un análisis melódico (variaciones de la altura de los sonidos) y un análisis temporal (variación de la duración de los sonidos). El sistema de análisis melódico tiene tres subcomponentes que son independientes entre sí y que tienen la función de especificar el contenido de la melodía: el análisis del contorno se ocuparía de procesar la dirección de los sonidos (si suben o bajan), el análisis de los intervalos serviría para especificar el tipo de intervalo entre dos notas (en términos de distancia), y el análisis de la tonalidad sería necesario para establecer relaciones entre los distintos intervalos. El sistema de análisis temporal tiene dos subcomponentes, uno para el análisis de los aspectos métricos y otro para los aspectos rítmicos. En términos simplificados, la vía de la melodía podría representar el «qué», mientras que la vía temporal podría representar «cuándo» se producen los eventos en el *input* musical. Ambas vías envían su *output* a un archivo que se concibe como un sistema de representaciones de informaciones mu§sicales específicas que el individuo ha experimentado a lo largo de su vida. El archivo, que es un almacén a largo plazo, engloba las representaciones de las propiedades abstractas de la música. En efecto, si el archivo contuviera las melodías reales (la ejecución concreta de una pieza determinada), resultaría difícil reconocer dos melodías iguales, una tocada por una orquesta y la otra silbada por un transeúnte, dado que la señal, es decir, el sonido contenido en ellas, es enormemente distinta. En cambio, lo que no varía son las propiedades abstractas que extrae nuestro cerebro, por ejemplo la relación entre la duración de las notas o entre los intervalos.

Vamos a hacer un experimento. Pídale usted a dos amigos que piensen en *Frère Jacques* sin cantarla. Pídales que se tapen los oídos con las manos y que cuando usted les haga una señal empiecen a cantar la tonada en voz baja sin mirarse. En la mayoría de los casos el resultado será cacofónico. En efecto, el tempo, es decir, la velocidad de los pulsos, será distinto, y también lo será la nota de partida, y por consiguiente todas las notas posteriores. ¿Qué ha ocurrido? Que cada uno de los dos amigos ha recuperado de su propio archivo las estructuras abstractas correspondientes a *Frère Jacques*. Esas estructuras son, justamente, abstractas, en el sentido de que en ellas no está codificada una forma exacta de la pieza, sino tan solo las relaciones entre sus distintos elementos. Por ejemplo, el hecho de que las primeras diez notas tengan la misma duración, o que las primeras tres notas suban con dos intervalos iguales (de un tono). Y a partir de ahí, da igual que usted la cante empezando por un Do o por un Re, como tampoco supone ninguna diferencia que el ritmo sea de 60 pulsaciones por minuto o de 66.

Volvamos ahora al modelo que veíamos más arriba. La recuperación de una entrada del archivo musical puede dar lugar también a la recuperación de informaciones que han sido almacenadas en otros sistemas, como por ejemplo las palabras de la letra de una canción, o bien el título de la pieza (identificación). Además, la recuperación de una pieza determinada del archivo puede evocar una sensación de familiaridad, pero también emociones fuertes vinculadas con esa pieza en concreto.

Una serie de estudios sobre pacientes con lesiones cerebrales sugiere que las estructuras melódicas temporales se procesan por separado y de forma independiente. Esas conclusiones se basan una vez más en casos de doble disociación en los que la organización rítmica de la melodía puede estar indemne mientras que la melodía es deficitaria, y viceversa. Además, dentro de los subcomponentes melódicos y temporales, otros estudios apuntan a que el análisis del intervalo, el del contorno melódico y el de la tonalidad están separados y son independientes, y que eso es cierto también para el análisis métrico y rítmico del subcomponente temporal. Así pues, si bien por un lado la mayor parte de los estudios de neuropsicología tienen una marcada tendencia a descomponer la música en distintos módulos más pequeños, en su mayoría específicos e independientes entre sí, los estudios conductuales, de electrofisiología y de neuroimagen muestran que esas mismas funciones necesarias para el análisis musical no son independientes entre sí, y a veces ni siquiera son específicas de la música. Por ejemplo, distintos estudios han demostrado que el análisis melódico y el análisis temporal no son independientes. Otros estudios han revelado que el análisis del contorno melódico y el del contorno prosódico en realidad podrían ser una misma cosa (y por consiguiente no serían específicos). Se han obtenido resultados parecidos entre secuencias de sonidos melódicos y secuencias de fonemas, entre la percepción de la armonía y de la sintaxis, entre el ritmo de la música y el ritmo del lenguaje e incluso entre el sentido transmitido por un sonido y por una palabra.

Así pues, por el momento resulta difícil formular conclusiones seguras respecto a la cuestión de la modularidad de la música. La modularidad puede subsistir en algunos niveles de asimilación y estar ausente en otros. Funciones como el análisis tonal se prestan bien a ser candidatas a la modularidad, dado que la tonalidad es un fenómeno puramente musical. Por consiguiente, si por un lado el análisis tonal podría ser específico de la música, por otro parece difícil imaginar cómo podría producirse dicho análisis de forma independiente del análisis de los intervalos. Así pues, podría existir un cuadro más flexible, con un módulo específico de la tonalidad, pero sin independencia del procesamiento de los intervalos. Por último, no hay que olvidar que, si en las primeras etapas de la asimilación de la información es perfectamente posible la independencia entre dos tipos de procesamiento diferentes, en las etapas posteriores que conducen al reconocimiento de una pieza todas esas informaciones se juntan, y el resultado de su interacción es justamente el percepto global que podemos experimentar cuando escuchamos una sinfonía de Haydn.

4.2. Estudios de electrofisiología y de neuroimagen

En los últimos veinte años hemos asistido a un enorme desarrollo de nuevas tecnologías en el ámbito de la investigación sobre el funcionamiento del cerebro. Nos limitaremos a describir las más utilizadas para el estudio de la música, que pueden subdividirse en dos grupos en función de la información que nos brindan. Esperamos que estas explicaciones técnicas, aunque sintéticas y reduccionistas, faciliten la comprensión de los estudios sobre música que se describen a renglón seguido.

4.2.1. Actividad eléctrica neuronal

Desde el siglo XVIII, gracias a los estudios de Galvani y de Volta, se sabe que los tejidos musculares y nerviosos tienen propiedades eléctricas. En 1929 Hans Berger fue el primero que registró la actividad eléctrica de la corteza cerebral. Dicha actividad es el resultado de la corriente eléctrica generada por las neuronas. Si bien la corriente eléctrica de una sola neurona es mínima, cuando un grupo de neuronas actúa en sincronía la corriente eléctrica resultante es mucho mayor y puede medirse a distancia, sin que haya demasiada pérdida de la señal. Eso significa que es posible medir en la superficie craneal la actividad eléctrica subyacente. Dicha actividad se mide como una diferencia de potencial entre un electrodo de referencia (colocado, por ejemplo, en la nariz) y un electrodo en el cuero cabelludo. El resultado de tal registro se denomina electroencefalograma (EEG). El EEG está muy difundido en el ámbito clínico, dado que permite diagnosticar distintos tipos de trastornos neurológicos que van desde los trastornos del sueño o de la atención hasta la epilepsia. En el ámbito de la investigación sobre música, el empleo del EEG está vinculado al descubrimiento de los potenciales evocados o de los potenciales relacionados con evento *(event-related potentials,* ERP). Los ERP no son otra cosa que una actividad eléctrica vinculada a la aparición de un estímulo. Dicha actividad es muy débil respecto a la señal del EEG de fondo, pero puede ponerse de manifiesto utilizando el método de la media. En otras palabras, se repite varias veces un estímulo, por ejemplo una señal sonora (un pitido), y se hace la media de la señal sincronizándola con el comienzo de cada pitido. Lo que ocurre es que cada vez que suene un pitido se producirá un pequeño ERP escondido entre la gran actividad del EEG de fondo.

Otra técnica muy parecida al EEG es la magnetoencefalografía (MEG). En este caso se mide la contrapartida magnética de la señal eléctrica. Ambas técnicas son no invasivas, y no existen especiales contraindicaciones. Además, gozan de una elevada precisión temporal, dado que la actividad cerebral puede registrarse cada milisegundo, o incluso a mayor velocidad. La gran ventaja del EEG es que es barato y el aparato cabe en un maletín. Por el contrario, la MEG es muy cara y además requiere una sala completamente aislada de otros campos magnéticos. Por otra parte, la MEG parece ser más precisa en la localización espacial de la actividad neuronal y no es sensible a los tejidos (por ejemplo al líquido cefalorraquídeo, a la caja craneal, a la piel) que se interponen entre el cerebro y las bobinas. Ambos métodos también son interesantes porque permiten estudiar las dinámicas de la actividad oscilatoria de las poblaciones neuronales.

4.2.2. Flujo sanguíneo

Para poder funcionar, una población de neuronas necesita un suministro de energía. Esa energía es transportada por la sangre. Sin entrar en los detalles del fenómeno, que es muy complejo, eso significa que la sangre acude donde hay necesidad de suministro energético. Si pudiéramos conocer la cantidad de sangre presente en una determinada área cerebral y valorar su variación en el tiempo, podríamos saber si esa zona desempeña un papel importante en una determinada tarea. La tomografía por emisión de positrones (PET) y la resonancia magnética funcional (fMRI) permiten obtener ese tipo de información. La primera se basa en la inyección de un producto radiactivo en el circuito sanguíneo cerebral. La segunda es una técnica no invasiva sensible a la concentración de un agente paramagnético (deoxihemoglobina) en la sangre. Actualmente la fMRI está mucho más difundida que la PET, pues es menos invasiva, más barata y más rápida a la hora de obtener imágenes. La limitación de estas técnicas radica en que permiten inferir una actividad cerebral en función de un fenómeno metabólico lento como el flujo sanguíneo. Es decir, en el momento en que la sangre llega a través de las arterias, la población de neuronas hace tiempo que ha dejado de operar. El pico de la actividad hemodinámica se produce aproximadamente seis segundos después de la presentación de un estímulo. Por consiguiente, en comparación con el EEG o el MEG, se mide un aspecto indirecto (de la actividad neuronal) y con un decurso muy lento. La ventaja es que mientras que el EEG y el MEG tienen una definición espacial del orden de 1 cm^3, la fMRI permite una localización espacial muy precisa, del orden de 1 mm^3, es decir, mil veces mejor.

4.3. Correlatos neuronales y modelos cognitivos

Es lícito preguntarse si es interesante estudiar los correlatos neuronales de la música. A fin de cuentas, saber que el procesamiento musical se produce en un área y no en otra, o que percibir un acorde menor requiere 150 ms en vez de 200, a primera vista no parece demasiado interesante. En realidad, el estudio de la música con las técnicas de neuroimagen raramente es un fin en sí mismo. En efecto, casi siempre está vinculado al deseo de comprender mejor una función cognitiva de orden más general, y la música solo se utiliza como modelo alternativo. La música se presta muy bien a ese papel de modelo alternativo, ya que requiere aplicar casi todas las funciones cognitivas (atención, memoria, motricidad, percepción, etc) y es un potente generador de emociones.

Los primeros estudios que utilizaron los ERP tenían como objeto la comparación entre música y lenguaje. Los estudios anteriores sobre el lenguaje habían puesto de manifiesto la existencia de un componente ERP, el N400 (polaridad negativa y pico máximo en torno a los 400 ms), cuya amplitud era mayor para las palabras semánticamente incongruentes que para las palabras congruentes («se tomó un café con leche/con tocino»). Lo que no estaba tan claro era si ese componente N400 era específico del lenguaje o no. Así pues, Besson y Macar

(1987) compararon frases cuya última palabra era semánticamente incongruente con frases musicales cuya última nota estaba fuera de la tonalidad. En el caso de la música, los resultados no mostraban ni rastro del N400 sino de un componente más tardío, denominado P600 (positiva con pico en torno a los 600 ms). Unos años más tarde, Patel *et al.* (1998) mostraron que ese P600 era similar en la música y en el lenguaje cuando los errores lingüísticos eran de tipo sintáctico y no semántico. Sin embargo, Schön, Magne y Besson (2004) demostraron que ese componente no era específico de un procesamiento sintáctico, sino que también estaba presente en los errores de pronunciación, es decir, con incongruencias prosódicas. Además, la aparición de ese componente a raíz de la presentación de material lingüístico dependía de la experiencia musical que habían tenido los sujetos. En efecto, aparecía aproximadamente 100 ms antes en los músicos que en los no músicos, lo que venía a demostrar que la práctica musical había tenido un efecto en la capacidad del cerebro de procesar información musical, pero también lingüística (prosódica). Si bien al principio de las investigaciones en el ámbito de la electrofisiología de la música hubo cierta obsesión por atribuir a un ERP una operación específica de un ámbito (lingüístico o musical), la tendencia actual consiste en adoptar una visión más compartida de las operaciones mentales. Por ejemplo, en vez de hablar de sintaxis y de armonía, el hecho de encontrar un ERP similar en caso de error ha llevado a buscar las operaciones comunes necesarias para el procesamiento sintáctico y armónico. En ambos casos es preciso construir una estructura temporal cuyos elementos se mantengan en un orden particular. Por ejemplo, en el caso del lenguaje, cuando escuchamos una frase del tipo «Cuando llegaba a casa, vi a Jorge silbando» se crea una estructura donde se define el sujeto, al que se enlaza un verbo, y después el objeto que realiza una acción. De forma análoga, en música una sucesión de acordes se puede establecer en una tonalidad determinada, después modularla en una nueva tonalidad y por último volver a la tonalidad inicial. Eso también requiere la integración de los acordes en una estructura abstracta dentro de la cual estén definidas las relaciones entre los acordes. Si por un lado las reglas que definen las relaciones son distintas en la música y en el lenguaje, el proceso de integración estructural podría ser el mismo. Ahí es donde resulta interesante el hecho de disponer de un fenómeno observable, como el P600 o el ERAN/ELAN *(early right/left anterior negativity;* Koelsch, 2005), sensible a las estructuras musical y lingüística, pues nos permite estudiar cuáles son los factores que modifican ese fenómeno (ERP). Por ejemplo, podemos estudiar en qué medida es sensible a la atención o al estado de ánimo, o si es modificable por la experiencia, y en cuánto tiempo, o si existe ya en los niños y cómo evoluciona con la edad. Indudablemente, en algunos casos será posible responder a tales preguntas utilizando indicios conductuales (como el tiempo de respuesta), pero, a diferencia de los indicios conductuales, los indicios electrofisiológicos nos proporcionan el decurso continuo de la actividad cerebral, desde la presentación del estímulo hasta después de la respuesta. Por consiguiente, no solo son indicios más sensibles sino también más informativos, dado que nos dicen en qué momento una nota determinada empieza a percibirse de una forma dada, y también dan una información de tipo espacial sobre las áreas cerebrales que estarían implicadas en una operación mental de ese tipo.

4.3.1. Música y áreas cerebrales

En este apartado sobre la localización de las funciones musicales no vamos a dar indicaciones unívocas, del tipo «tal área cerebral es responsable de tal función musical». A pesar de que el ámbito de las neurociencias aplicadas al estudio de la música está en plena expansión, los resultados actuales no permiten hacer afirmaciones rotundas al respecto. Por consiguiente nos limitaremos a mostrar qué enseñanzas pueden extraerse del estudio de la música con las técnicas de neuroimagen.

Cuando uno se interesa por la cartografía cerebral de la música, o de otra actividad humana, es necesario tener muy en cuenta dos cuestiones. Primero, que la música no es un monolito. Segundo, que el cerebro no está formado por un conjunto de pequeños módulos del tamaño de una alubia que actúan independientemente unos de otros.

A estas alturas la primera cuestión tendría que estar clara para todo el mundo. Preguntarse qué parte del cerebro se encarga de procesar la música no quiere decir nada. Incluso el simple hecho de tararear *Frère Jacques* requiere una cantidad impresionante de distintas funciones cognitivas: disponer de la información en algún lugar de la memoria, acceder a la información correcta, que es de carácter abstracto, programar los movimientos de la boca y de las cuerdas vocales necesarios para la emisión, escuchar y analizar el sonido emitido y corregirse en tiempo real. Al mismo tiempo, esta cuestión nos muestra una vez más que el estudio de la música no es un fin en sí mismo, sino que resulta interesante en la medida en que nos permite analizar funciones cognitivas complejas.

La segunda cuestión es la lógica de la empresa. En la empresa hay un director que se ocupa de las relaciones con el exterior, una secretaria de dirección encargada de escribir las cartas, un administrador que lleva las cuentas, un ingeniero especializado en conducciones, un ingeniero especializado en circuitos eléctricos, etcétera. Cada uno de ellos tiene un papel definido, y la información circula poco y despacio. El cerebro (afortunadamente) no funciona así. La información puede ser procesada por un área muy precisa, pero también de forma simultánea por distintas áreas espacialmente dispersas, y circular de una zona a otra en un flujo continuo.

Si combinamos las dos cuestiones que acabamos de describir, eso significa que dependiendo de la función que nos interese podemos formular la hipótesis de que esa función corre a cargo de un área en concreto o bien que requiere la acción de una red dispersa. Por ejemplo, una serie de estudios que se interesaban por el procesamiento de la altura pusieron de manifiesto que la corteza auditiva derecha está más especializada que la izquierda en el análisis preciso de la información frecuencial (altura), mientras que la corteza izquierda está más especializada en el análisis de la información temporal, necesaria, por ejemplo, para distinguir dos fonemas (Zatorre, Zelin y Penhune, 2002; Zatorre, 2005). En este caso tenemos un indicio de una posible especialización de los hemisferios al nivel de la corteza auditiva, pero cuidado, no debemos interpretarlo como que «la corteza auditiva derecha analiza la información frecuencial y la izquierda la información temporal», dado que se trata de una especialización relativa, probablemente debida a una asimetría en la dimensión de la ventana temporal de análisis del sonido (que es más larga en el hemisferio derecho; Arnal, Poeppel y Giraud, 2015).

Cuando nos interesamos por las funciones cognitivas más complejas, existe una tendencia general a una disminución del predominio de uno de los hemisferios. El caso del análisis armónico es un buen ejemplo. En efecto, distintos estudios han revelado que la asimilación sintáctica musical requiere la intervención de unas estructuras parecidas a las que operan en el caso del análisis sintáctico lingüístico. Dichas estructuras, que coinciden con el área de Broca, son solo ligeramente más activas en el lado derecho que en el lado izquierdo en el caso de la música. Además, esas estructuras forman parte de una red cerebral más extensa que se encarga del análisis sintáctico en general, y que incluye la parte anterior del giro temporal superior y la corteza premotora ventrolateral. Así pues, este es un buen ejemplo de una ausencia casi total de predominio hemisférico para la música, de un solapamiento de las áreas cerebrales para el procesamiento musical y lingüístico y de una red repartida a través de distintas regiones cerebrales.

Para terminar, vamos a complicar aún más las cosas. En 1974 Bever y Chiarello demostraron que la influencia del aprendizaje intensivo a nivel profesional tenía un efecto sobre la lateralización hemisférica del procesamiento musical. Los no músicos manifestaban un predominio del lado derecho, mientras que los músicos profesionales mostraban un predominio del lado izquierdo. Posteriormente, otros estudios confirmaron esos datos (Altenmüller, 2003). ¿Cómo se explica esa modificación? Pensar que la práctica intensiva hace migrar una función de un lado a otro del cerebro parece poco creíble. En cambio, una explicación en términos de estrategias y de niveles de análisis puede dar cuenta de un cambio de ese tipo. En efecto, un músico profesional no tendrá la misma actitud que un oyente inexperto cuando escucha una pieza musical. El oyente inexperto se abandonará a una percepción de conjunto, a las emociones que evoca la música, etcétera. El profesional podrá hacer lo mismo, pero además de vez en cuando podrá centrarse en el análisis de un detalle, como un sonido poco nítido o una modulación especialmente interesante. En otras palabras, el profesional podrá aplicar una estrategia de tipo analítico. Esto es interesante, pues revela que las estructuras cerebrales que se consideraban los centros de procesamiento de una determinada función musical parecen más bien reflejar la forma en que el oyente escucha y analiza.

Conclusiones y perspectivas

Esperamos haber mostrado con suficiente claridad hasta qué punto el ámbito de la psicología de la música, que a primera vista podría parecer un pequeño mundo aparte, tiene fuertes vínculos con otros ámbitos de investigación. Indudablemente, con la psicología en sentido amplio, dado que la percepción y/o producción de la música requiere un conjunto enormemente complejo de capacidades cognitivas. Hemos visto que el estudio de las capacidades musicales puede ser importante para una mejor comprensión del desarrollo del niño sano y del niño patológico, de la relación entre naturaleza y entorno en el aprendizaje, de la regulación de las emociones y de la plasticidad y de la arquitectura funcional del cerebro.

He aquí algunas páginas web interesantes sobre las asociaciones que más han contribuido en estos años al desarrollo de la psicología y de las neurociencias musicales, incluso con la organización de iniciativas formativas tanto en el ámbito nacional como en el internacional:

- www.icmpc.org (International Conference on Music Perception and Cognition, en inglés).
- www.escom.org (European Society for the Cognitive Sciences of Music, en inglés).
- www.fondazione-mariani.org/en/neuromusic/introduction.html (Fondazione Mariani, en italiano y en inglés).
- www.gold.ac.uk/pg/msc-music-mind-brain/ (Music, Mind & Brain, en inglés).
- www.brams.org/en/ (International Laboratory for Brain, Music and Sound Research, en francés e inglés).
- http://musicinthebrain.au.dk (Center for music in the brain, en ingles).

Si el lector está interesado en la música desde la primera infancia, puede que le resulte útil consultar la página web de Nati Per la Musica (www.natiperlamusica.org, en italiano).

Al mismo tiempo, dado que se trata de un área relativamente reciente de la psicología, aún queda mucho por hacer. Una de las direcciones que por el momento han sido poco exploradas es la transcultural. El hecho de que la música sea omnipresente en las distintas culturas del planeta permite estudiar cómo es percibida y ejecutada por individuos de culturas totalmente distintas. A su vez, eso debería contribuir a poner de manifiesto cuáles son las características del sistema cognitivo más resistentes al entorno y cuáles, por el contrario, pueden verse influidas por el ambiente, y de qué modo. Así pues, es deseable que en un futuro no lejano se desarrollen más investigaciones con músicas y sujetos no occidentales. En algunos casos esos aspectos transculturales pueden utilizarse también con fines didácticos y formativos en el desarrollo de la sensibilidad musical y con particular atención al tema de la innovación en el campo de la didáctica experiencial (www.lafabbricadeisuoni.it, La fabbrica dei suoni, en italiano).

Otro aspecto deficitario es el de la modelización. En efecto, hasta ahora la psicología de la música básicamente ha tomado prestados los modelos propuestos en otras disciplinas, como la psicolingüística. A veces da la impresión de que se están forzando las cosas a fin de cuadrar los datos procedentes de los estudios sobre percepción musical. Por consiguiente, sería necesario desarrollar modelos originales, y después compararlos con los modelos propuestos en otros ámbitos, en vez de tomar una decisión a priori que podría ser errónea. Además, hay cierto desequilibrio en la relación entre los estudios sobre la percepción y la producción de la música. Tras constatar que, de todas formas, casi todo el mundo tiene unas capacidades musicales bastante notables tanto para la percepción como para la producción, sería importante restablecer el equilibrio en dicha relación.

Otra cuestión importante para esta disciplina consistiría en potenciar la interacción entre investigación clínica e investigación básica, es decir, entre los estudios que se interesan por los mecanismos cognitivos y los que se interesan por las patologías. Por el momento, los dos mundos siguen estando demasiado distantes, y eso entorpece gravemente el avance de la investigación. En este contexto, es muy interesante la experiencia desarrollada en Cascina Rossago, la primera comunidad en Italia para el cuidado y la asistencia de adultos con autismo. Para saber más sobre esa experiencia, véase:

- www.cascinarossago.net (Cascina Rossago, en italiano).
- https://it.wikipedia.org/wiki/Orchestra_Invisibile (Orchestra Invisibile, en italiano y en inglés).

La música también puede llegar a ser un elemento fundamental en los itinerarios terapéuticos dedicados a los niños con discapacidades graves (parálisis cerebral infantil, autismo, síndromes genéticos, estados epilépticos farmacorresistentes). Es de particular interés el trabajo de la asociación Fiori sulla Luna (organización de utilidad social sin ánimo de lucro; www.fiorisullaluna.com, en italiano) en los hospitales A. Carle de Cuneo y Regina Montis Regalis de Mondovì.

Todo ello nos lleva a debatir cuáles son las perspectivas para la psicología de la música. En efecto, nos parece que entre las perspectivas más interesantes están justamente las terapéuticas, que son las que más necesitan una interacción entre investigación básica y clínica. Tanto si se la quiere denominar musicoterapia como si no, parece seguro que la música pude utilizarse con éxito en el ámbito terapéutico, ya sea en el campo de la rehabilitación o en el ámbito de los trastornos psíquicos. Por ejemplo, estudios recientes han demostrado los beneficios de la práctica musical para distintos tipos de patologías, como la dislexia, la sordera, la afasia, la enfermedad de Parkinson y la de Alzheimer, con efectos a distintos niveles (percepción, cognición, movimiento, estado de ánimo). En cualquier caso, queda mucho camino por recorrer antes de poder afirmar con cierta seguridad cuáles son los mecanismos cognitivos/cerebrales sobre los que puede actuar la música, y en qué medida ello puede paliar un trastorno en un ámbito no musical. Únicamente después de aclarar esa cuestión se podrán aplicar formas terapéuticas cuya eficacia esté basada en teorías sólidas.

Otro resultado deseable de una interacción entre investigación básica y clínica podría darse en el ámbito del diagnóstico. En efecto, dado que se ha demostrado hasta qué punto la música requiere unos procesos cognitivos complejos, gracias a ella sería posible evaluar –en el ámbito del diagnóstico– los déficits en distintos ámbitos cognitivos. Por ejemplo, sabemos que algunas formas de demencia senil afectan a la memoria de un modo más bien selectivo, empezando por la capacidad de memorizar nuevas informaciones. La música se presta bien a las comparaciones entre memoria a corto plazo y memoria a largo plazo, dado que cualquier individuo en condiciones no patológicas es capaz de recordar melodías breves y al mismo tiempo posee un amplio repertorio de melodías que ha ido aprendiendo a lo largo de los años. También en el ámbito de los trastornos del aprendizaje o de la atención la música podría contribuir al diagnóstico, dado que ya sabemos bastante bien lo que es capaz de aprender un individuo en condiciones no patológicas. Así pues, añadir los test musicales a los test más tradicionales del lenguaje o de la memoria visoespacial únicamente podrá redundar en una mayor precisión y por consiguiente en una mayor utilidad del diagnóstico neuropsicológico.

Para concluir, nos parece que otro ámbito donde la psicología de la música podría tener un efecto importante y constructivo es el de la pedagogía. En el caso de la enseñanza para futuros músicos, eso se traduce en el desarrollo de métodos de enseñanza más eficaces y estructurados que los existentes. En el caso de la enseñanza a los no expertos, es decir, de la enseñanza de la música en el itinerario escolar, la cuestión esencial que nos muestran los estudios en psicología de la música es la importancia de tocar música. En efecto, tocar música puede tener efectos positivos en la capacidad de interacción e integración social, en el aprendizaje de una lengua extranjera, en la modificación del estado de ánimo y de la motivación y en la construcción de un patrimonio cultural compartido. Además, tocar música en el marco escolar puede conciliar la disciplina y el rigor inherentes a la enseñanza con una actividad fundamentalmente lúdica y creativa.

Glosario

Acústica. El estudio de los componentes del sonido forma parte de la acústica, que es una rama de las ciencias físicas. La acústica define el sonido como una vibración producida por un cuerpo en oscilación que se propaga por el aire o por otro medio elástico. La propagación del sonido en los instrumentos musicales puede producirse a través de la vibración de la cuerda (instrumentos de pulso o de arco) o de la columna de aire (en los instrumentos de viento). El sonido, en este sentido, es una onda generada por la compresión y la expansión de un medio de propagación. Las ondas sonoras se caracterizan por una frecuencia y por una intensidad. La forma de la onda constituye el timbre del sonido.

Armonía. La armonía es el aspecto vertical de la música y tiene que ver con la emisión simultánea de varios sonidos a la vez y con la relación entre ellos.

Escala. Una escala es una sucesión ascendente o descendente de notas incluidas en el intervalo de una *octava*. La octava es el intervalo entre una nota musical y otra que tiene el mismo nombre y una frecuencia del doble de hercios (por ejemplo el La de 440 Hz y el La de 880 Hz). El número de escalas conocidas es muy grande: las distintas escalas se caracterizan por un número distinto de sonidos (escala de cinco sonidos, de siete sonidos, etc.) y por los distintos tipos de intervalos que las componen. En la música occidental la octava se divide en 12 notas separadas por un semitono. Las escalas pueden ser *diatónicas* o *cromáticas*. La escala diatónica está formada por siete notas y está subdividida en tonos y semitonos (5 tonos y 2 semitonos). Las notas, o las posiciones que forman una escala diatónica, se denominan *grados*. Una escala cromática (o semitonal) es la sucesión de los 12 semitonos contenidos en la octava.

Frecuencia. La frecuencia de la onda permite distinguir la *altura* de los sonidos. El sonido puede ser «agudo» o «grave». La frecuencia de los sonidos musicales se mide en hercios (Hz, o número de oscilaciones por segundo). El oído humano percibe los sonidos que tienen una frecuencia de entre 20 y 20.000 Hz. La práctica musical abarca una gama de sonidos que van del Do grave (65 Hz) al Do agudo (8.276 Hz). La voz humana tiene un registro más limitado. La afinación de los instrumentos musicales permite asignar un valor exacto de frecuencia a cada nota. Para calcular la altura de los sonidos se ha elegido como punto de referencia la nota La central del piano, también llamada *diapasón,* cuya frecuencia de referencia, en la mayoría de los casos, es de 440 Hz.

Intensidad. La intensidad permite determinar el volumen del sonido. Representa la fuerza con la que se emite un sonido. La intensidad viene dada por la amplitud de las ondas sonoras, por el grado de fuerza de la excitación y por la distancia que media entre el punto de emisión del sonido y el de su percepción. Las variaciones de intensidad pueden codificarse en las partituras musicales como variaciones de la dinámica (por ejemplo, *pp, ff, crescendo, diminuendo,* etcétera).

Intervalo. El intervalo es la distancia entre dos sonidos. Dicha distancia puede darse entre sonidos que van uno detrás de otro (intervalo *melódico)* o bien entre dos sonidos generados simultáneamente (intervalo *armónico).* Un intervalo melódico se distingue también por su dirección o contorno, que puede ser ascendente, cuando el segundo sonido es más agudo que el primero, o descendente, cuando el segundo sonido es más grave. Un intervalo armónico se caracteriza por su *consonancia* o su *disonancia.* En la consonancia da la impresión de que los sonidos se fusionan entre sí. En la disonancia los sonidos crean una sensación de no homogeneidad y de discordancia.

Melodía. La melodía es una sucesión de intervalos entre sonidos de diferentes alturas, cuya estructura genera una figura musical con un sentido acabado. La melodía combina la altura de las notas con el ritmo, y es el componente horizontal de la música.

Métrica (o compás). La métrica divide el tiempo en intervalos regulares denominados *compases.* El compás es el espacio comprendido entre dos líneas verticales que dividen el pentagrama. La métrica se representa gráficamente por una fracción, que figura al principio de la pieza musical, como por ejemplo 4/4. Además, el compás implica una estructura de acentuación de algunas notas respecto a otras.

Modo. Un modo es un conjunto ordenado de intervalos musicales que define las relaciones jerárquicas entre los distintos grados de la escala correspondiente. En la música occidental se distinguen el *modo mayor* y el *modo menor.* La escala del modo mayor tiene un semitono entre el III y el IV grado y otro semitono entre el VII y el VIII. La escala del modo menor puede ser de cuatro tipos: natural (tiene los semitonos entre el II y el III grados y entre el V y el VI), armónica, melódica o mixta.

Nota. La nota musical es una especie de unidad mínima musical. La escritura de las notas da una indicación tanto de la altura del sonido (mediante unos puntos de forma oval) como de su duración. Además, el sistema de notación musical emplea los *signos de expresión,* que plasman el pensamiento musical y se refieren a la velocidad (por ejemplo, *largo, adagio, allegro, presto,* etcétera), la dinámica (por ejemplo, *forte, piano, crescendo,* etcétera) y la acentuación.

Ritmo. El ritmo es la subdivisión de los sonidos en el tiempo, el movimiento ordenado de los sonidos. La variación del ritmo se genera mediante la variación de la duración de las notas y los acentos musicales. Por *acento* entendemos el mayor relieve que tienen algunos sonidos respecto a otros en el ámbito de una melodía, de una pieza o de una frase musical.

Tempo. Es la velocidad de una pieza musical en términos de la frecuencia del pulso.

Timbre. El timbre es la cualidad que permite distinguir qué instrumento o cuerpo ha producido el sonido. Cada instrumento musical posee un timbre característico y tiene una frecuencia natural en la que «prefiere» vibrar. Las cajas de resonancia de los instrumentos musicales se diseñan a fin de reforzar dichas frecuencias. La frecuencia natural de un objeto depende de sus dimensiones: cuanto más grande es, más lenta es su vibración.

Tonalidad. La tonalidad es la estructura armónica sobre la que discurre la pieza musical.

Bibliografía

Lecturas recomendadas

No es fácil recomendar textos en castellano que permitan profundizar en la relación entre la música y el cerebro. Básicamente está el libro, clásico aunque un poco anticuado, de John Sloboda, *La mente musical: la psicología cognitiva de la música,* Boadilla del Monte, Machado Libros, 2013 (el original es de los años ochenta); y para un enfoque más neurológico, el libro de Oliver Sacks, *Musicofilia: relatos de la música y el cerebro,* Barcelona, Anagrama, 2013.

Además, existen numerosas obras en inglés para profundizar sobre estos temas. Entre ellas sugerimos:

DEUTSCH, D. (ed.) (1998): *The Psychology of Music,* San Diego, Academic Press (2.ª ed.).

HALLAM, S., CROSS, I., y THAUT, M. (2008): *The Oxford Handbook of Music Psychology,* Oxford, Oxford University Press.

HARGREAVES, D., y LAMONT, A. (2017): *The Psychology of Musical Development,* Cambridge, Cambridge University Press.

HURON, D. (2008): *Sweet Anticipation, Music and the Psychology of Expectation,* Cambridge, The MIT Press.

JUSTIN, P., y SLOBODA, J. A. (2001): *Music and Emotion: Theory and Research,* Nueva York, Oxford University Press.

PERETZ, I., y ZATORRE, R. (2003): *The Neurosciences of Music,* Oxford, Oxford University Press [Actas del congreso del mismo nombre. También se han editado las actas de los congresos posteriores (cada tres años, en los *Annals of the New York Academy of Sciences),* a menudo muy interesantes, aunque no siempre bien estructuradas. Para más detalles, véanse las actividades organizadas por la Fundación Mariani (www.fondazionemariani.org/en/neuromusic/introduction.html)].

REBUSCHAT, P. (2012): *Language and Music as Cognitive Systems,* Oxford, Oxford University Press.

SLOBODA, J. (2005): *Exploring the Musical Mind: Cognition, Emotion, Ability, Function,* Oxford, Oxford University Press [*La mente musical: la psicología cognitiva de la música,* Boadilla del Monte, Machado Libros, 2013].

TAN SIU-LAN, PFORDRESHER, P., y HARRÉ, R. (2010): *Psychology of Music, from Sound to Significance,* Hove, Nueva York, Psychology Press.

THOMPSON, W. F. (2008): *Music, Thought and Feeling: Understanding the Psychology of Music,* Oxford, Oxford University Press.

WALLIN. N. L., MERKER, B., y BROWN, S. (eds.) (2000): *The Origins of Music,* Cambridge, The MIT Press.

Referencias bibliográficas

AIELLO, R., y LOBODA, J. A. (eds.) (1994): *Musical Perceptions,* Nueva York, Oxford University Press.

AKIVA-KABIRI, L., *et al.* (2009): «Memory for Tonal Pitches», *Annals of the New York Academy of Sciences,* 1169, 1, pp. 266-269.

ALTENMÜLLER, E. (2003): «Focal Dystonia: Advances in Brain Imaging and Understanding of Fine Motor Control in Musicians», *Hand Clinics,* 19, pp. 1-16.

ARNAL, L. H., POEPPEL, D., y GIRAUD, A. L. (2015): «Temporal Coding in the Auditory Cortex», *Handbook of Clinical Neurology,* 129, pp. 85-98.

AROM, S. (2000): «Prolegomena to a Biomusicology», en N. L. Wallin, B. Merker y S. Brown (eds.), *The Origins of Music,* Cambridge, The MIT Press.

ATKINSON, R. C. y SHIFFRIN, R. M. (1968): «Human Memory: A Proposed System and Its Control Processes», en K. W. Spence (ed.), *The Psychology of Learning and Motivation: Advances in Research and Theory,* Nueva York, Academic Press, vol. 2, pp. 89-195.

BADDELEY, A. D. (1986): *Working Memory,* Oxford, Oxford University Press.

BASSO, A. y CAPITANI, E. (1985): «Spared Musical Abilities in a Conductor with Global Aphasia and Ideomotor Apraxia», *Journal of Neurology, Neurosurgery & Psychiatry,* 48, pp. 407-412.

BEAN, K. L. (1938): «An Experimental Approach to the Reading of Music», *Psychological Monograph,* 50.

BERGER, H. (1929): «Über das Elektroenkephalogramm des Menschen», *Archiv für Psychiatrie und Nervenkrankheiten,* 87, pp. 527-570.

BERGESON, T. R., y TREHUB, S. E. (2002): «Absolute Pitch and Tempo in Mothers' Speech and Song to Infants», *Psychological Science,* 13, pp. 72-75.

BESSON, M., y MACAR, F. (1987): «An Event-related Potential Analysis of Incongruity in Music and Other Non-linguistic Contexts», *Psychophysiology,* 24, pp. 14-25.

BESSON, M., y SCHÖN, D. (2003): «Comparison between Language and Music», en I. Peretz y R. Zatorre (eds.), *The Cognitive Neuroscience of Music,* Oxford, Oxford University Press, pp. 269-293.

BEVER, T. G., y CHIARELLO, R. G. (1974): «Cerebral Dominance in Musicians and non Musicians», *Science,* 185, pp. 137-139.

BHARUCHA, J. J. (1999): «Neural Nets, Temporal Composites and Tonality», en D. Deutsch (ed.), *The Psychology of Music,* San Diego, Academic Press (2.ª ed.), pp. 413-441.

BIGAND, E. (2003): «More about the Musical Expertise of Musically Untrained Listeners», *Annals of the New York Academy of Sciences,* 999, pp. 304-312.

BIGAND, E., FILIPIC, S., y LALITTE, P. (2005): «The Time Course of Emotional Responses to Music», *Annals of the New York Academy of Sciences,* 1060, pp. 429-437.

BIGAND, E., y POULIN-CHARRONNAT, B. (2006): «Are we "Experienced Listeners"? A Review of the Musical Capacities that Do not Depend on Formal Musical Training», *Cognition,* 100, pp. 100-130.

BLACKING, J. (1973): *How Musical is Man,* Washington, University of Washington Press [*¿Hay música en el hombre?,* Madrid, Alianza Editorial, 2015].

BREGMAN, A. S. (1990): *Auditory Scene Analysis: The Perceptual Organization of Sound,* Cambridge, The MIT Press.

CANDIA, V. T., *et al.* (1999): «Constraint-Induced Movement Therapy for Focal Hand Dystonia in Musicians», *The Lancet,* 353, p. 42.

CHABRIS, C. F. (1999): «Prelude or Requiem for the 'Mozart Effect'?», *Nature,* 400, pp. 827-828.

CHAN, A. S., HO, Y. C., y CHEUNG, M. C. (1998): «Music Training Improves Verbal Memory», *Nature,* 396, p. 128.

CHANG, H. W., y TREHUB, S. E. (1977): «Infants' Perception of Temporal Grouping in Auditory Patterns», *Child Development,* 48, 4, pp. 1666-1670.

CHASE, W. G., y SIMON, H. A. (1973): «The Mind's Eye in Chess», en W. G. Chase (ed.), *Visual Information Processing,* Nueva York, Academic Press.

CHI, M. T. H. (1978): «Knowledge Structures and Memory Development», en R. S. Siegler (ed.), *Children's Thinking: What Develops?,* Erlbaum, Hillsdale.

CHOMSKY, N. (1988): *Language and Problems of Knowledge. The Managua Lectures,* Cambridge, The MIT Press *[El lenguaje y los problemas del conocimiento,* Boadilla del Monte, Machado Libros, 1992].

CIRELLI, L. K., EINARSON, K. M., y TRAINOR, L. J. (2014): «Interpersonal Synchrony Increases Prosocial Behavior in Infants», *Developmental Science,* 17, 6, pp. 1003-1011.

COHEN KADOSH, R., y HENIK, A. (2007): «Can Synaesthesia Research Inform Cognitive Science?», *Trends in Cognitive Science,* 11, pp. 177-184.

CORRIGALL, K. A., SCHELLENBERG, E. G., y MISURA, N. M. (2013): «Music Training, Cognition, and Personality», *Frontiers in Psychology,* 4, p. 222.

DALTROZZO, J., y SCHÖN, D. (2009): «Conceptual Processing in Music as Revealed by N400 Effects on Words and Musical Targets», *Journal of Cognitive Neuroscience,* 21, 10, pp. 1882-1892.

DE CASPER, A. J., y SPENCE, M. J. (1986): «Prenatal Maternal Speech Influences Newborns' Perception of Speech Sounds», *Infant Behavior and Development,* 9, pp. 133-150.

DEUTSCH, D., *et al.* (2009): «Absolute Pitch among Students in an American Music Conservatory: Association with Tone Language Fluency», *The Journal of the Acoustical Society of America,* 125, 4, pp. 2398-2403.

ECO, U. (1989): *The Open Work,* Cambridge, Harvard University Press *[Obra abierta,* Barcelona, Ariel, 1990].

EDELMAN, G. M., GALL, W. E., y COWAN, W. M. (1988): *Auditory Function: Neurobiological Bases of Hearing,* Nueva York, Wiley.

ELBERT, T., *et al.* (1995): «Increased Cortical Representation of the Fingers of the Left Hand in String Players», *Science,* 270, pp. 305-307.

– (1998): «Alteration of Digital Representations in Somatosensory Cortex in Focal Hand Dystonia», *NeuroReport,* 9, 16, pp. 3571-3575.

ERICSSON, K. A., KRAMPE, R. T., y TESCH-ROMER, C. (1993): «The Role of Deliberate Practice in the Acquisition of Expert Performance», *Psychological Review,* 100, pp. 363-406.

FALK, D. (2004): «Prelinguistic Evolution in Early Hominins: Whence Motherese?», *Behavioral and Brain Sciences,* 27, pp. 491-503.

FILIPPA, M., *et al.* (2013): «Live Maternal Speech and Singing Have Beneficial Effects on Hospitalized Preterm Infants», *Acta Paediatrica,* 102, 10, pp. 1017-1020.

GRIFFITHS, T. D., *et al.* (1997): «Spatial and Temporal Auditory Processing Deficits Following Right Hemisphere Infarction. A Psychophysical Study», *Brain,* 120, pp. 785-794.

GRUSON, L. M. (1988): «Rehearsal Skill and Musical Competence: Does Practice Make Perfect?», en J. A. Sloboda, *Generative Processes in Music: The Psychology of Performance, Improvisation, and Composition,* Nueva York, Oxford University Press, pp. 91-112.

HALPERN, A. R. (1989): «Memory for the Absolute Pitch of Familiar Songs», *Memory and Cognition,* 17, 5, pp. 572-581.

HALPERN, A. R., y BOWER, G. H. (1982): «Musical Expertise and Melodic Structure in Memory for Musical Notation», *American Journal of Psychology,* 95, pp. 31-50.

HANSEN, M., WALLENTIN, M., y VUUST, P. (2013): «Working Memory and Musical Competence of Musicians and Non-Musicians», *Psychology of Music,* 41, 6, pp. 779-793.

HEPPER, P. (1991): «An Examination of Fetal Learning before and after Birth», *The Irish Journal of Psychology,* 12, pp. 95-107.

HERHOLZ, S. C., y ZATORRE, R. J. (2012): «Musical Training as a Framework for Brain Plasticity: Behavior, Function, and Structure», *Neuron,* 76, 3, pp. 486-502.

HURWITZ, I., *et al.* (1975): «Nonmusical Effects of the Kodály Music Curriculum in Primary Grade Children», *Journal of Learning Disabilities,* 8, 3, pp. 45-52.

HYDE, K. L., *et al.* (2009): «Musical Training Shapes Structural Brain Development», *Journal of Neuroscience,* 29, 10, pp. 3019-3025.

JACKENDOFF, R. (1990): *Semantic Structures,* Cambridge, The MIT Press.

– (1991): «Parts and Boundaries», *Cognition,* 41, pp. 9-45.

JAKOBSON, R. (1973): *Essais de Linguistique Générale,* París, Les Éditions de Minuit.

JENTSCHKE, S., *et al.* (2008): «Children with Specific Language Impairment also Show Impairment of Music-Syntactic Processing», *Journal of Cognitive Neuroscience,* 20, 11, pp. 1940-1951.

JUSLIN, P. N., y LAUKKA, P. (2003): «Emotional Expression in Speech and Music: Evidence of Cross-Modal Similarities», *Annals of the New York Academy of Sciences,* 1000, pp. 279-282.

JUSLIN, P. N., y VÄSTFJÄLL, D. (2008): «Emotional Responses to Music: The Need to Consider Underlying Mechanisms», *Behavioural and Brain Sciences,* 31, pp. 559-575.

KOELSCH, S. (2005): «Neural Substrates of Processing Syntax and Semantics in Music», *Current Opinion in Neurobiology,* 15, pp. 207-212.

KRAUS, N., y CHANDRASEKARAN, B. (2010): «Music Training for the Development of Auditory Skills», *Nature Reviews Neuroscience,* 11, 8, pp. 599-605.

KRUMHANSL, C. L., y JUSCZYK, P. W. (1990): «Infants' Perception of Phrase Structure in Music», *Psychological Science,* 1, pp. 70-73.

KUHL, P. K., *et al.* (1997): «Cross-Language Analysis of Phonetic Units in Language Addressed to Infants», *Science,* 277, pp. 684-686.

LAMB, S. J., y GREGORY, A. H. (1993): «The Relationship between Music and Reading in Beginning Readers», *Educational Psychology,* 13, pp. 19-27.

LENG, X., y SHAW, G. L. (1991): «Toward a Neural Theory of Higher Brain Function Using Music as a Window», *Concepts in Neuroscience,* 2, pp. 229-258.

LERDHAL, F. (2001): *Tonal Pitch Space,* Nueva York, Oxford University Press.

LERDHAL, F., y JACKENDOFF, R. A. (1983): *Generative Theory of Tonal Music,* Cambridge, The MIT Press.

LESSARD, N., *et al.* (1998): «Early Blind Human Subjects Localize Sound Sources Better than Sighted Subjects», *Nature,* 395, pp. 278-280.

LURIA, A. R., TSVETKOVA, L. S., y FUTER, D. S. (1965): «Aphasia in a Composer (V. G. Shebalin)», *Journal of the Neurological Sciences,* 2, 3, pp. 288-292.

LYNN, R., WILSON, R. G., y GAULT, A. (1989): «Simple Musical Tests as Measures of Spearman's g», *Personality and Individual Differences,* 10, pp. 25-28.

MAESS, B., *et al.* (2001): «"Musical Syntax" is Processed in the Area of Broca: An MEG-Study», *Nature Neuroscience,* 4, pp. 540-545.

MAGNE, C., SCHÖN, D., y BESSON, M. (2006): «Musician Children Detect Pitch Violations in Both Music and Language Better than non Musician Children», *Journal of Cognitive Neuroscience,* 18, pp. 199-211.

MAS-HERRERO, E., *et al.* (2014): «Dissociation between Musical and Monetary Reward Responses in Specific Musical Anhedonia», *Current Biology,* 24, 6, pp. 699-704.

MEYER, L. B. (1956): *Emotion and Meaning in Music,* Chicago, The University of Chicago Press [*Emoción y significado en la música,* Madrid, Alianza Editorial, 2001].

MILLER, G. F. (2000): «Evolution of Human Music through Sexual Selection», en N. L. Wallin, B. Merker y S. Brown

(eds.), *The Origins of Music,* Cambridge, The MIT Press, pp. 329-360.
MIYAZAKI, K. (1988): «Musical Pitch Identification by Absolute Pitch Possessors», *Perception and Psychophysics,* 44, 6, pp. 501-512.
MOREAU, P., JOLICŒUR, P., y PERETZ, I. (2013): «Pitch Discrimination without Awareness in Congenital Amusia: Evidence from Event-Related Potentials», *Brain and Cognition,* 81, 3, pp. 337-344.
MORENO, S., y BESSON, M. (2005): «Influence of Musical Training on Pitch Processing: Event-Related Brain Potential Studies of Adults and Children», *Annals of the New York Academy of Sciences,* 1060, pp. 93-97.
MÜNTE, T. F., *et al.* (2001): «Superior Auditory Spatial Tuning in Conductors», *Nature,* 409, p. 580.
NANTAIS, K. M., y SCHELLENBERG, E. G. (1999): «The Mozart Effect: An Artifact of Preference», *Psychological Science,* 10, 4, pp. 370-372.
NEUFELD, K. A. (1986): «Understanding of Selected Pre-Number Concepts: Relationships to a Formal Music Program», *Alberta Journal of Education Research,* 32, pp. 134-139.
PALMER, C. (1989): «Mapping Musical Thought to Musical Performance», *Journal of Experimental Psychology: Human Perception and Performance,* 15, 2, pp. 331-346.
PALMER, S. E., *et al.* (2013): «Music-Color Associations Are Mediated by Emotion», *Proceedings of the National Academy of Sciences,* 110, 22, pp. 8836-8841.
PANTEV, C., *et al.* (1998): «Increased Auditory Cortical Representation in Musicians», *Nature,* 392, pp. 811-814.
– (2001): «Representational Cortex in Musicians. Plastic Alterations in Response to Musical Practice», *Annals of the New York Academy of Sciences,* 930, pp. 300-314.
PARTANEN, E., *et al.* (2013): «Prenatal Music Exposure Induces Long-Term Neural Effects», *PLoS ONE,* 10, e78946.

PASHLER, H. E. (1998): *The Psychology of Attention,* Cambridge, The MIT Press.
PATEL, A. D. (2003): «Language, Music, Syntax and the Brain», *Nature Neuroscience,* 6, 7, pp. 674-681.
PATEL, A. D., *et al.* (1998): «Processing Syntactic Relations in Language and Music: An Event-Related Potential Study», *Journal of Cognitive Neuroscience,* 10, 6, pp. 717-733.
– (2008): «Musical Syntactic Processing in Agrammatic Broca's Aphasia», *Aphasiology,* 22, 7-8, pp. 776-789.
PERANI, D., *et al.* (2010): «Functional Specializations for Music Processing in the Human Newborn Brain», *Proceedings of the National Academy of Sciences,* 107, pp. 4758-4763.
PERETZ, I. (1993): «Auditory Atonalia for Melodies», *Cognitive Neuropsychology,* 10, pp. 21-56.
– (1996): «Can We Lose Memory for Music? A Case of Music Agnosia in a Nonmusician», *Journal of Cognitive Neuroscience,* 8, pp. 481-496.
PERETZ, I., *et al.* (1994): «Functional Dissociations Following Bilateral Lesions of Auditory Cortex», *Brain,* 117, pp. 1283-1302.
PERETZ, I., BELLEVILLE, S., y FONTAINE, S. (1997): «Dissociations between Music and Language Functions after Cerebral Resection: A New Case of Amusia without Aphasia», *Canadian Journal of Experimental Psychology,* 51, 4, pp. 354-368.
PERETZ, I., y COLTHEART, M. (2003): «Modularity of Music Processing», *Nature Neuroscience,* 6, pp. 688-691.
PHILLIPS-SILVER, J., y TRAINOR, L. J. (2005): «Feeling the Beat: Movement Influences Infant Rhythm Perception», *Science,* 308(5727), p. 1430.
PIANA, G. (1991): *Filosofia della musica,* Milán, Guerini e Associati.
PICCIRILLI, M., SCIARMA, T., y LUZZI, S. (2000): «Modularity of Music: Evidence from a Case of Pure Amusia», *Journal of Neurology Neurosurgery and Psychiatry,* 69, pp. 541-545.

PINKER, S. (1994): *The Language Instinct: How the Mind Creates Language,* Nueva York, W. Morrow *[El instinto del lenguaje: cómo la mente construye el lenguaje,* Madrid, Alianza editorial, 2012].

PROFITA, J., y BIDDER, T. G. (1988): «Perfect Pitch», *American Journal of Medical Genetics,* 29, pp. 763-771.

PROVERBIO, A. M., *et al.* (2017): «Error-Related Negativity in the Skilled Brain of Pianists Reveals Motor Simulation», *Neuroscience,* 346, p. 319.

PROVERBIO, A. M., ORLANDI, A., y PISANU, F. (2016): «Brain Processing of Consonance/Dissonance in Musicians and Controls: A Hemispheric Asymmetry Revisited», *European Journal of Neuroscience,* 44, pp. 2340-2356.

RAUSCHER, F. H., SHAW, G. L. y KY, K. N. (1993): «Music and Spatial Task Performance», *Nature,* 365, p. 611.

RÉVÉSZ, G. (1925): *The Psychology of a Musical Prodigy,* Londres, Kegan Paul, Trench, Trubner.

SALIMPOOR, V. N., *et al.* (2015): «Predictions and the Brain: How Musical Sounds Become Rewarding», *Trends in Cognitive Sciences,* 19, 2, pp. 86-91.

SCHAEFFER, P. (1966): *Traité des objets musicaux,* París, Seuil *[Tratado de los objetos musicales,* Madrid, Alianza Editorial, 1996].

SCHELLENBERG, E. G. (2003): «Does Exposure to Music Have Beneficial Side Effects?», en I. Peretz y R. J. Zatorre (eds.), *The Cognitive Neuroscience of Music,* Oxford, Oxford University Press, pp. 430-448.

– (2004): «Music Lessons Enhance IQ», *Psychological Science,* 15, pp. 511-514.

SCHLAUG, G., *et al.* (1995): «In Vivo Evidence of Structural Brain Asymmetry in Musicians», *Science,* 267, pp. 699-701.

SCHÖN, D., *et al.* (2010a): «Similar Cerebral Networks in Language, Music and Song Perception», *Neuroimage,* 51, 1, pp. 450-461.

– (2010b): «The Evocative Power of Sounds: Conceptual Priming between Words and Nonverbal Sounds», *Journal of Cognitive Neuroscience,* 22, 5, pp. 1026-1035.

SCHÖN, D., MAGNE, C., y BESSON, M. (2004): «The Music of Speech: Electrophysiological Study of Pitch Perception in Language and Music», *Psychophysiology,* 41, pp. 341-349.

SCHÖN, A., y SCHÖN, D. (1999): «Il potere del suono e della musica. Fuga a più voci», *Psiche,* 1-2, pp. 159-165.

SCHULZE, K., *et al.* (2011): «Neuroarchitecture of Verbal and Tonal Working Memory in Nonmusicians and Musicians», *Human Brain Mapping,* 32, 5, pp. 771-783.

SLEVC, L. R., ROSENBERG, J. C., y PATEL, A. D. (2009): «Making Psycholinguistics Musical: Self-Paced Reading Time Evidence for Shared Processing of Linguistic and Musical Syntax», *Psychonomic Bulletin & Review,* 16, 2, pp. 374-381.

SLOBODA, J. (1985): *The Musical Mind,* Oxford, Oxford University Press [*La mente musical: la psicología cognitiva de la música,* Boadilla del Monte, Machado Libros, 2013].

– (2005): *Talent and Skill Development. Exploring the Musical Mind,* Oxford, Oxford University Press.

SLOBODA, J., HERMELIN, B., y O'CONNOR, N. (1985): «An Exceptional Musical Memory», *Music Perception,* 3, pp. 155-170.

SLOBODA, J. A., y HOWE, M. J. A. (1991): «Biographical Precursors of Musical Excellence: An Interview Study», *Psychology of Music,* 19, pp. 3-21.

SOSNIAK, L. A. (1985): «Learning to Be a Concert Pianist», en B. S. Bloom (ed.), *Developing Talent in Young People,* Nueva York, Ballantine, pp. 143-167.

SWAMINATHAN, S., SCHELLENBERG, E. G., y KHALIL, S. (2017): «Revisiting the Association between Music Lessons and Intelligence: Training Effects or Music Aptitude?», *Intelligence,* 62, pp. 119-124.

THOMPSON, W. F., MARIN, M. M., y STEWART, L. (2012): «Reduced Sensitivity to Emotional Prosody in Congenital Amusia Rekindles the Musical Protolanguage Hypothesis», *Proceedings of the National Academy of Sciences,* 109, 46, pp. 19027-19032.

TILLMANN, B. (2005): «Implicit Investigations of Tonal Knowledge in Nonmusician Listeners», *Annals of the New York Academy of Sciences,* 1060, 1, pp. 100-110.

TRAINOR, L. J. (1996): «Infant Preferences for Infant-Directed Versus Noninfant-Directed Playsongs and Lullabies», *Infant Behavior and Development,* 19, pp. 83-92.

TRAINOR, L. J., DESJARDINS, R. N., y ROCKEL, C. (1999): «A Comparison of Contour and Interval Processing in Musicians and Nonmusicians Using Event-Related Potentials», *Australian Journal of Psychology*, 51, pp. 147-153.

TRAINOR, L. J., y TREHUB, S. E. (1993): «Musical Context Effects in Infants and Adults: Key Distance», *Journal of Experimental Psychology. Human Perception and performance,* 19, 3, pp. 615-626.

TRAINOR, L. J., y TZACHARIAS, C. A. (1998): «Infants Prefer Higher Pitched Singing», *Infant Behavior & Development,* 21, pp. 799-805.

TREHUB, S. E., BULL, D., y THORPE, L. A. (1984): «Infants' Perception of Melodies: The Role of Melodic Contour», *Child Development,* 55, 3, pp. 821-830.

TREHUB, S. E., y HANNON, E. E. (2006): «Infant Music Perception: Domain-General or Domain-Specific Mechanisms?», *Cognition,* 100, 1, pp. 73-99.

TREHUB, S. E., HILL, D. S., y KAMENETSKY, S. B. (1997): «Parents' Sung Performances for Infants», *Canadian Journal of Experimental Psychology,* 51, 4, pp. 385-396.

TREHUB, S. E., y THORPE, L. A. (1989): «Infants' Perception of Rhythm: Categorization of Auditory Sequences by Temporal Structure», *Canadian Journal of Psychology,* 43, pp. 217-229.

TREHUB, S. E., THORPE L. A., y MORRONGIELLO, B. A. (1987): «Organizational Processes in Infants' Perception of Auditory Patterns», *Child Development,* 58, 3, pp. 741-749.
TREHUB, S. E., UNYK, A. M., y HENDERSON, J. L. (1994): «Children's Songs to Infant Siblings: Parallels with Speech», *Journal of Child Language,* 21(3), pp. 735-744.
TREHUB, S. E., UNYK, A. M., y TRAINOR, L. J. (1993): «Maternal Singing in Cross-Cultural Perspective», *Infant Behavior and Development,* 16, pp. 285-295.
TSANG, C. D., FALK, S., y HESSEL, A. (2017): «Infants Prefer Infant-Directed Song Over Speech», *Child Development,* 88, pp. 1207-1215.
VUVAN, D. T., NUNES-SILVA, M., y PERETZ, I. (2015): «Meta-Analytic Evidence for the Non-Modularity of Pitch Processing in Congenital Amusia», *Cortex,* 69, pp. 186-200.
WEAVER, H. E. (1943): «Studies of Ocular Behaviour in Music reading. I. A Survey of Visual Processes in Reading Differently Constructed Musical Selection», *Psychological Monographs,* 55, pp. 1-30.
WEEKS, R., *et al.* (2000): «A Positron Emission Tomographic Study of Auditory Localization in the Congenitally Blind», *The Journal of Neuroscience,* 20, 7, pp. 2664-2672.
WILLIAMSON, V. J., y STEWART, L. (2010): «Memory for Pitch in Congenital Amusia: Beyond a Fine-Grained Pitch Discrimination Problem», *Memory,* 18, 6, pp. 657-669.
WOLF, T. (1976): «A Cognitive Model of Musical Sight-Reading», *Journal of Psycholinguistic Research,* 5, pp. 143-172.
ZAMM, A., *et al.* (2013): «Pathways to Seeing Music: Enhanced Structural Connectivity in Colored-Music Synesthesia», *Neuroimage,* 74, pp. 359-366.
ZAMM, A., WELLMAN, C., y PALMER, C. (2016): «Endogenous Rhythms Influence Interpersonal Synchrony», *Journal of Experimental Psychology: Human Perception and Performance,* 42, 5, pp. 611-616.

ZATORRE, R. (2005): «Music, the Food of Neuroscience?», *Nature,* 434, pp. 312-315.

ZATORRE, R. J., BELIN, P., y PENHUNE, V. B. (2002): «Structure and Function of Auditory Cortex: Music and Speech», *Trends in Cognitive Sciences,* 6, pp. 37-46.